智能楼宇系统集成实训教程

陈 瑶 主编

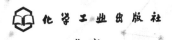

化学工业出版社

·北京·

内 容 简 介

《智能楼宇系统集成实训教程》是专业人才培养的综合性实训教程。本书以理论为基础，以项目为导向，以任务为驱动，主要内容包括智能楼宇系统集成概述、对讲门禁及室内安防系统集成、视频监控及周界防范系统集成、消防报警联动系统集成、综合布线系统集成、DDC控制系统集成六个项目。本书的项目设计注重系统集成设计、施工、功能调试、故障诊断等工程能力的综合培养。

《智能楼宇系统集成实训教程》以实用性为编写原则，内容通俗易懂、图文并茂、实操性强，可作为高职高专院校智能安防技术、智能建筑工程技术、机电一体化技术、电气自动化技术等相关专业的教材，也可作为相关行业工程技术人员的培训和自修参考书。

图书在版编目（CIP）数据

智能楼宇系统集成实训教程/陈瑶主编 . —北京：化学工业出版社，2022.3

ISBN 978-7-122-40591-3

Ⅰ.①智⋯ Ⅱ.①陈⋯ Ⅲ.①智能化建筑-高等职业教育-教材 Ⅳ.①TU18

中国版本图书馆CIP数据核字（2022）第 010315 号

责任编辑：尤彩霞 张春娥　　　　　　　　　装帧设计：关　飞
责任校对：宋　夏

出版发行：化学工业出版社（北京市东城区青年湖南街 13 号　邮政编码 100011）
印　　装：北京七彩京通数码快印有限公司
710mm×1000mm　1/16　印张 13¾　字数 263 千字　　2022 年 7 月北京第 1 版第 1 次印刷

购书咨询：010-64518888　　　　　　　　　　售后服务：010-64518899
网　　址：http://www.cip.com.cn
凡购买本书，如有缺损质量问题，本社销售中心负责调换。

定　　价：39.00 元

编写人员名单

主　编　陈　瑶

副 主 编（排名不分先后）

　　　　李梅芳

　　　　刘春生

参编人员（排名不分先后）

　　　　陈　瑶　北京政法职业学院

　　　　李梅芳　北京政法职业学院

　　　　刘春生　北京政法职业学院

　　　　黄漫玲　北京政法职业学院

　　　　张会芝　北京政法职业学院

　　　　孔庆仪　北京政法职业学院

　　　　马伟芳　北京政法职业学院

　　　　陈明士　北京市监狱管理局

前　言

近几十年，随着经济的快速发展、城市化进程的加快以及科技的不断进步，作为信息时代高新科技和建筑技术相结合的产物——智能楼宇随之出现，且其发展非常迅猛，目前已经成为现代楼宇的主流。智能楼宇是融合了多种技术的现代新型建筑，它是一个国家综合经济实力与科技发展的具体表征之一，对发展现代经济和提高居住环境质量起着巨大的作用。我国建设智能楼宇的起步虽晚但发展势头迅猛，因此行业内需要越来越多的建筑智能化技术人员和日常管理维护人员。为了适应我国智能楼宇发展的步伐，我们编写了本书，以满足高素质应用型人才培养的需求。

本教程是编者结合多年的教学经验，以《智能建筑设计标准》(GB 50314—2018)为依据，吸收了一线工程师的实践经验，借鉴其他相关资料编写而成。本书以理论为基础、以项目为导向、以任务为驱动进行内容的设计，这种设计有利于实施教、学、做一体化教学。本书具体分为六个项目，即智能楼宇系统集成概述、对讲门禁及室内安防系统集成、视频监控及周界防范系统集成、消防报警联动系统集成、综合布线系统集成、DDC 控制系统集成。每个项目将系统集成的设计、施工、调试等工作过程分解为若干个工作任务，进行了循序渐进的介绍。

本书内容以实用性为编写原则，通俗易懂、图文并茂、实操性强，符合学习者的认知规律，适应职业教育的教学改革，对学生的理论素养提升和实战能力培养均具有很强的实际意义。

本书的参考学时为 72 学时，各项目的参考学时见学时分配表。

学时分配表

项目	理论学时	实训学时	学时合计
项目 1 智能楼宇系统集成概述	2	2	4
项目 2 对讲门禁及室内安防系统集成	2	14	16
项目 3 视频监控及周界防范系统集成	2	14	16
项目 4 消防报警联动系统集成	2	14	16
项目 5 综合布线系统集成	2	6	8
项目 6 DDC 控制系统集成	2	10	12
学时总计			72

本书的编写得到了北京政法职业学院的大力支持并给以资助，在此表示真诚感谢！本书参阅了有关楼宇智能化技术方面的国家标准、相关的书刊资料等，引用了部分文献的内容，在此谨向相关作者表示感谢！

由于编者水平和经验有限，书中难免有疏漏或不妥之处，恳请广大读者批评指正。

编者

2021 年 4 月

目录

项目 3　视频监控及周界防范系统集成

项目 4　消防报警联动系统集成

项目 5　综合布线系统集成

项目 6　DDC 控制系统集成

参考文献

项目 1
智能楼宇系统集成概述

【项目引导】

1984 年美国出现了世界第一座智能楼宇，并且智能楼宇的概念由此而生。随着世界经济、信息技术、建筑技术等不断发展，智能楼宇已经是建筑业的发展方向，尤其是在近几年，智能楼宇已逐渐成为主要潮流而席卷世界。智能楼宇的产生不是偶然，是整个社会的经济、技术发展下的产物。

通过本项目的学习，应达到以下知识和技能目标：
- 了解智能楼宇的功能、特点和发展趋势。
- 理解智能楼宇的概念和技术基础。
- 掌握智能楼宇的组成。
- 能够根据楼宇的特点，区分普通建筑与智能建筑。
- 能够建立对智能楼宇的总体认识。
- 能够描述智能楼宇工程实训装置的结构和技术特性。
- 掌握基本实训技能，如能正确使用常用工具、认知线缆类型等。

【项目相关知识】

一、智能楼宇的概念

随着科技的不断进步，世界进入了信息、经济高速发展的时代。作为信息时代高新科技和建筑技术相结合的产物——智能楼宇应运而生。智能楼宇（intelligent building，IB）也称为智能建筑，其概念起源于美国。1984 年，美国联合科技集团的联合技术建筑系统公司（UTBS）在美国康涅狄格州的哈特福德市改造了一座 38 层高的旧金融大厦，并取名为都市大厦（City Place），"智能楼宇"一词出现在其宣传词中。该楼宇是世界第一幢智能建筑，增加了当时最先进的技术装备，如计算机设备、数据通信线路、程控交换机等，使用户可以得到通信、文字处理、电子函件、情报资料检索、行情查询等服务；同时，建筑中所有的空调、给排水、供配电、防火、安保等设备都通过计算机进行控制，实现了综合自动化和信息化，为用户提供了经济舒适、高效安全的环境。都市大厦的建成，实现了传统建筑与新兴信息技术相结合，使建筑功能发生了质的飞跃。自此，智能楼宇逐渐成为世界建筑业发展的潮流和方向。20世纪80年代末90年代初，我国也开始发展智能建筑，1990年建成的北京发展大厦已具有智能建筑的雏形。近几十年来，在北京、上海、广州等城市，也相继建成了若干高水平的智能建筑。智能建筑已经成为一个国家综合经济实力的具体体现。进入到21世纪的信息时代，人们从信息资源的角度，重新审视了智能楼宇的需求，提出了楼宇"绿色、生态、可持续发展"的概念，楼宇才真正进入了智能化发展阶段。智能楼宇对发展现代经济和提高居住环境质量起着巨大的作用。

智能楼宇是多学科、高新技术的巧妙集成，它将建筑技术、通信技术、计算机技术和控制技术等多方面的先进科学技术相互融合、合理集成为最优化的整体，具有工程投资合理、设备高度自动化、信息管理科学、服务高效优质、使用灵活方便、环境安全舒适等特点，是能够适应信息化社会发展需要的现代化新型建筑。

目前，各国学术界对智能楼宇（智能建筑）的定义不尽相同。美国智能建筑学会（AIBI）给出的智能楼宇定义为：通过将建筑的结构、系统、服务和管理四项基本要素，以及它们之间的内在关系，进行优化组合，来提供一个投资合理、高效、节能、舒适、便利的建筑物。日本工业协会给出的智能楼宇定义为：综合计算机、信息通信等方面的最先进技术，使建筑物内的电力、空调、照明、防灾、防盗、运输设备等协调工作，实现建筑物自动化（BA）、通信自动化（CA）、办公自动化（OA）、安保自动化（SA）和消防自动化（FA），具备这五种功能的建筑，外加结构化综合布线系统（SCS）、结构化综合网络系统（SNS）、智能楼宇综合信息管理自动化系统（MAS），就是智能化楼宇。我国国家标准《智能建筑设计标准》（GB 50314—2018）给出的智能建筑（智能楼宇）的定义为：以建筑物为平台，基于对各类智能化信息的综合应用，集架构、系统、应用、管理及优化组合为一体，具有感知、传输、记忆、推理和决策的综合智慧能力，形成以人、建筑、环境互为协调的整合体，为人们提供安全、高效、便利及可持续发展功能环境的建筑。智能楼宇是一个发展中的概念，其定义是其功能的体现，会随着时代的发展、技术的进步而不断丰富和发展。楼宇智能化不会是一个终极状态，而是一个不断完善的过程。

二、智能楼宇的功能及特点

1. 智能楼宇的基本要求

智能楼宇提供的环境是一种优越、高效的生活和工作环境，应符合以下基本要求，即舒适性、高效和便利性、安全性、可调整性和可靠性。

（1）舒适性　智能楼宇环境应该能够使生活和工作在智能楼宇中的人们，感受到身心舒适。

（2）高效和便利性　智能楼宇应能够提供便利的办公设备，并具有高效的信息服务功能；能够提高办公业务、通信、决策等方面的工作效率，节省人力、物力、时间、资源、能耗和费用，提高建筑物所属设备系统使用管理方面的效率。

（3）可调整性　随着组织结构的改变、办公方法和程序的变更以及办公设备更新换代等，智能楼宇办公环境应具有可调整性。它应能够稳妥迅速地对服务设施进行调整；当办公设备、网络功能发生变化和更新时，不妨碍原有系统的使用。

（4）安全性　智能楼宇应不仅能够保证生命、财产、建筑物安全，还应能够防止网络通信中可能发生的对信息、数据的泄漏、干扰、破坏、删除和篡改，以及系统的非法或不正确使用。

（5）可靠性　智能楼宇的各系统应能够及时发现故障、快速排除故障，使故障影响小、波及范围小。

2. 智能楼宇的基本功能

（1）智能楼宇应具有通信和信息处理功能，能够实现办公自动化。通信的范围不只局限于楼宇内部，还应能够在楼宇之间、楼宇与外部进行通信。

（2）智能楼宇应能对楼宇内的各系统设备进行综合自动控制，如对空调、给排水、暖通、照明、电力、防盗、消防等进行综合自动控制，使其能够高效协调工作。

（3）智能楼宇应能够自动监视和统计记录各系统设备的运行状态，实现设备管理的自动化，并实现以安全状态监视为中心的防灾自动化。

（4）智能楼宇应具有很强的适应性和可扩展性，并具有良好的节能和环保功能。

（5）所有功能应能够随着技术进步和社会需要而进行拓展。

3. 智能楼宇的特点

（1）集智能化、集成化、协调化于一体，使控制过程以及各子系统之间实现统一管理。

（2）楼宇自动化，对建筑物内的机电设备进行自动控制、程序控制及综合管理。

（3）办公自动化。

（4）具备易于改变的空间及舒适环境。

4. 智能楼宇的等级划分

我国国家标准《智能建筑设计标准》中，根据各类工程的使用功能、管理要求以及工程建设的投资标准，将智能建筑划分为甲、乙、丙三级。甲级，适用于配置智能化系统标准高而齐全的建筑中；乙级，适用于配置基本智能化系统、综合型较强的建筑中；丙级，适用于配置部分主要智能化系统，并有发展和扩充需要的建筑中。

三、智能楼宇的组成

智能楼宇具有集成性，它将各个自成体系的硬件和软件加以集中，并重新组合到统一的系统之中。智能楼宇的集成，一般来说需要经历从子系统功能基础到控制网络的集成，然后到信息系统、信息网络的集成，并按应用的需求进行连接、配置和整合，以达到系统的总体目标。

1. 3A 子系统

总体来说，智能楼宇是由三个独立的自动化子系统组成：楼宇自动化系统（building automation system，BAS）、办公自动化系统（office automation system，OAS）、通信自动化系统（communication automation system，CAS），即 3A 子系统，这些子系统通过综合布线系统（premises distribution system，PDS）有机地结合在一起，并利用系统集成中心（system integrated center，SIC）的系统软件管理平台进行综合自动化、信息化的管理，如图 1-1 所示。

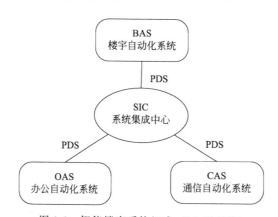

图 1-1　智能楼宇系统组成（3A 子系统）

（1）楼宇自动化系统（BAS）　楼宇自动化系统是以中央处理计算机为核心，将建筑物内的供配电、照明、给排水、暖通空调、保安、消防、运输、广播等设备通过信息通信网络组成分散控制、集中监视与管理的管控一体化系统，随时检测、显示其运行参数，监视、控制其运行状态，根据外界条件、环境因素、负载变化情况自动调节各种设备，使其始终运行于最佳状态，从而保证系统运行的经济性和管理的科学化、智能化，并在建筑物内形成安全、舒适、健康的生活环境和高效节能的工作环境。

（2）办公自动化系统（OAS）　办公自动化系统是服务于具体办公业务的人机交互信息系统。它是利用先进的信息处理技术，以计算机为中心，采用各种现代办公及通信设施，如传真机、复印机、电子邮件、互联网与局域网等，全面广泛地对各种信息进行收集、加工、处理等，尽可能充分利用信息资源，完成各类电子数据处理，对各类信息进行有效管理，提高人们的工作质量和工作效率，同时为科学管理和辅助决策提供服务。现代化的办公自动化系统利用计算机把多媒体技术和网络技术相结合，使信息用数字化的形式在系统中存储和传输。办公自动化技术的发展将使办公活动朝着数字化的方向发展，最终实现无纸化办公。

（3）通信自动化系统（CAS）　通信自动化系统能够以高速率对来自建筑物内外的各种文字、语音、图像和数据等信息进行收集、存储、处理和传输，为用户提供了快速、方便的通信手段和高速、有效的信息服务。通信自动化系统可分为固定电话通信系统、声讯服务通信系统、无线通信系统、卫星通信系统、多媒体通信系统、视讯服务系统、有线电视系统及计算机通信网络八个子系统，各自负责建立建筑物内外各种信息的交换和传输。

（4）综合布线系统（PDS）　综合布线系统是建筑物内所有信息的传输媒介系统，是智能楼宇的"信息高速公路"。综合布线系统由线缆和相关的连接硬件设备组成。它将智能楼宇的3A系统有机地连接起来，是智能楼宇必备的基础设施。它采用积木式结构、模块化设计，通过统一规划、统一标准、统一建设实施来满足智能楼宇信息传输高效、可靠、灵活性等要求。综合布线系统的特性主要表现为兼容性、开放性、灵活性、可靠性和经济性。综合布线系统一般由六个子系统组成：工作区子系统、水平布线子系统、管理子系统、垂直干线子系统、设备间子系统和建筑群子系统。

（5）系统集成中心（SIC）　系统集成中心是智能楼宇的最高层控制中心，监控整个智能楼宇的运转。系统集成中心具有通过系统集成技术，汇集各个自动化系统信息，进行各种信息综合管理的功能。它通过综合布线系统将各个自动化系统连接成为一体，同时在各子系统之间建立起一个标准的信息交换平台。系统集成中心把各个分离的设备、功能和信息等集成为一个相互关联的、统一的、协调的系统，使资源达到充分的共享，从而实现集中、高效、方便的管理和控制。

2. 5A子系统

随着技术的细化，再参考日本工业协会给出的智能楼宇的定义，智能楼宇也可划分为5个独立的自动化子系统：楼宇自动化系统（building automation system，BAS）、办公自动化系统（office automation system，OAS）、通信自动化系统（communication automation system，CAS）、安全防范自动化系统（security automation system，SAS）和消防自动化系统（fire automation system，FAS），即5A子系统，这些子系统通过结构化综合布线系统（structured cabling systems，SCS）

和结构化综合网络系统（structured network systems，SNS）有机地结合在一起，并利用智能楼宇综合信息管理自动化系统（management automation system，MAS）进行综合自动化、信息化的管理。其中安全防范自动化系统（SAS）和消防自动化系统（FAS）是从楼宇自动化系统（BAS）中细化出来的两个子系统；结构化综合布线系统（SCS）和结构化综合网络系统（SNS）是从综合布线系统（PDS）中细化出来的两个子系统。

四、智能楼宇的技术基础

智能楼宇是多种高新技术的有机融合，是计算机技术、信息技术、自动控制技术和建筑技术相结合的产物，即所谓的 3C＋A 技术（computer、communication、control、architecture）。建筑是支持平台，提供建筑物环境。计算机技术与信息技术的结合提供了信息基础环境。计算机技术与自动控制技术的结合提供了安全、舒适、便利、高效、节能的工作和生活环境。现代通信技术提供了高效的信息交换和丰富的信息资源，很大程度上提高了人们的工作效率。

（1）计算机控制技术　计算机控制技术是计算机技术与自动控制技术相结合的产物，是构成楼宇自动化系统的核心技术之一。计算机控制系统由硬件和软件组成。硬件是指计算机本身及外部设备实体，是计算机控制系统的基础。软件是指管理计算机的系统程序和进行控制的应用程序，是计算机控制系统的灵魂，只有硬件和软件有机配合，才能充分发挥计算机控制系统的优势。

（2）现代通信技术　现代通信技术是建立在通信技术和计算机网络技术相结合的基础上，是实现智能楼宇内部信息交流以及智能楼宇与外部进行信息交流不可缺少的关键技术。现代通信的内容涵盖了语音通信、多媒体通信、移动通信、卫星通信、计算机网络等。通过综合布线系统，在一个通信网上同时实现语音、数据、图像、文本等信息的传输，通信网络正由模拟走向数字、由单一业务走向综合业务、由电气通信走向光通信、由封闭式网络结构走向开放式结构。

五、智能楼宇的发展趋势

（1）规范化　随着智能楼宇的迅猛发展，它越来越受到政府的高度重视，国家出台了相关政策，制订了相关的规范，使设计、施工有了明确的要求和标准，进一步引导智能楼宇向规范化方向发展。《智能建筑设计标准》（GB/T 50314—2018）是住房城乡建设部批准发布的国家标准。新版标准在内容上进行了技术提升和补充完善，能更有效地满足各类建筑的智能化系统工程设计要求。

（2）多元化　由于不同的楼宇使用者对智能楼宇的功能需求有很大的差别，智能楼宇的发展出现了多元化的趋势。智能楼宇已经从办公楼向机场、港口、银行、酒店、住宅、教育设施等多元化方向发展。例如，智能办公楼宇主要提供便利的办公自动化服务、各种通信设施以及良好舒适的环境；智能住宅注重提供住宅安全性和舒适性，具备安保自动化、家政服务自动化、文娱信息自动化等特性；智能医疗楼宇除提供通信、办公自动化外，还提供综合医疗信息系统，如挂号、缴费、远程诊疗、药品管理、医疗信息管理等。

（3）群体化　智能楼宇已从单独的建筑发展为多个建筑的智能建筑群、智能小区、智能化城市，甚至实现整个国家的智能化发展。

（4）多系统融合　现代技术可以处理多种信息，如文字、数据、图形、声音、图像等。智能楼宇中的各个系统可以整合成一个系统，通过现代技术进行信息的综合处理，从而实现多系统的综合集成。

（5）多学科、多技术渗透　随着虚拟技术、人工智能、生物电子工程、仿生学、生态学等在智能楼宇中的应用，智能楼宇拥有了更多的新功能，智能化水平在不断提高。

（6）绿色智能建筑　在当今世界，典型的智能建筑已不能满足当代人对绿色、环保、节能的最新追求，为实现建筑的可持续发展，要能够利用智能系统来构建绿色建筑，发挥智能科技在节能、减排以及环保中的作用。绿色建筑是在不损害现有环境的前提下，提高人们的生活质量和环境质量，其绿色的本质是物质系统的循环，是无废无污、高效和谐、开放且闭合的良性循环。通过建立建筑物内外的自然空气、水分、能源及其他各种物质的循环系统来进行绿色建筑的设计，采用智能化系统来监控环境的空气、温度、湿度，并进行废水、废气、废渣的处理等，为生活和工作在其中的人们提供自然、舒适、节能、无污染的环境。绿色建筑与智能建筑的一体化发展将成为智能建筑发展的必然方向。

（7）产业化　智能楼宇因为应用大量的自动化技术和设备，极大地提升了建筑的技术水平，已经成为国民经济的一个新的增长点，也正在迅速发展成为一个新兴产业。智能楼宇将会成为建筑业发展的主流。

【项目实训环境】

一套 THBAES 智能楼宇工程实训装置；一套安装工具；常用线缆和线槽等。

【项目实训任务】

任务 1　智能楼宇工程实训装置的认知

一、任务目的

能够描述智能楼宇工程实训装置的结构和技术特点。

二、任务实施

1. 认知智能楼宇工程实训装置的结构

THBAES智能楼宇工程实训装置是由天煌科技公司设计制作，主要用于智能楼宇工程技术实训及考核。该套实训装置根据智能建筑行业楼宇智能化的特点，在接近工程现场的基础上，针对实训教学进行了专门设计，包含了计算机技术、网络通信技术、综合布线技术、DDC技术等，强化了智能楼宇系统的设计、安装、布线、接线、编程、调试、运行、维护等工程能力。该套实训装置在结构上以智能楼宇模型为基础，包含了智能大楼、智能小区、管理中心和楼道等典型结构，涵盖了对讲门禁、安防、视频监控、周界防范、消防、综合布线、DDC监控等子系统。各系统既可独立运行，也可实现联动。通过在此套系统进行项目实训，可以培养学生的团队协作能力、计划组织能力、楼宇设备安装与调试能力、工程实施能力、职业素养和交流沟通能力等。

该套智能楼宇工程实训装置组成如图1-2所示。其中，智能大楼设计为两层结构，可实现消防、视频监控和综合布线系统的工程训练；系统设有总电源箱、安防控制箱、消防控制箱、DDC控制箱等。

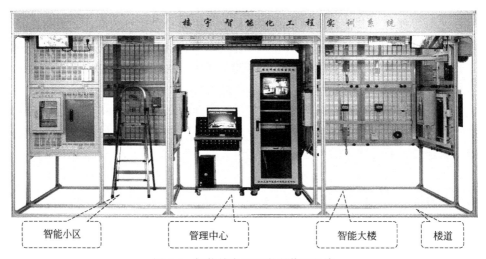

图1-2 智能楼宇工程实训装置组成

（1）管理中心　管理中心实现了智能小区和智能大楼的集中监控和管理，包含了管理中心机、视频监控台和消防控制主机等各功能区域的管理设备，如图1-2所示。

（2）对讲门禁　智能大楼和智能小区分别设有单元门和单户门，可实现智能小区对讲门禁系统的设备安装等工程训练，实现单元和单户可视对讲功能，如图1-3所示。

图1-3 对讲门禁设备

图1-4 消防设备

（3）消防 在智能大楼、管理中心区域内，安装布置消防系统现场设备，消防系统配置有模拟消防泵、排烟风机、防火卷帘门等，如图1-4所示。

（4）视频监控 在智能大楼、管理中心和楼道各区域内，安装典型监控器材（如高速球云台摄像机等），实现主要出入口和关键区域视频监控，如图1-5所示。

图1-5 视频监控设备

图1-6 周界防范设备

图1-7 总电源箱

（5）周界防范 在智能建筑模型周围装有红外对射、智能小区内的房间窗户装有幕帘探测器以实现智能建筑的周界防范，如图1-6所示。

各功能区域之间采用工程桥架实现系统连接。

2. 认知智能楼宇工程实训装置的技术特性

这套智能楼宇工程实训装置涵盖了对讲门禁、安防、视频监控、周界防范、消防、综合布线、DDC监控等多个子系统，可以实现各系统的独立或联动运行，兼具灵活性和综合集成的特点。整套装置设有多个电源控制箱，如图1-7所示，其供电技术特性如下：

- 输入电源：单相，三线，AC220V±10%，50Hz；
- 工作环境：温度−10℃～40℃，相对湿度≤85%（25℃），海拔≤4000m；
- 装置容量：≤1kV·A；
- 外形尺寸：4.66m×2.22m×2.3m；
- 安全保护：具有漏电压、漏电流保护，安全符合国家标准。

3. 认知智能楼宇工程实训装置的实训任务

通过智能楼宇工程实训装置可完成多项单系统或多系统集成实训，主要实训任务有：对讲门禁及室内安防系统实训、视频监控及周界防范系统实训、消防系统实训、综合布线系统实训、DDC 监控系统实训等。

通过对实训任务的学习和训练，可以培养学生的团队协作能力、计划组织能力、楼宇设备安装与调试能力、工程实施能力、职业素养和交流沟通能力等，有利于促进工学结合人才的培养。通过这套智能楼宇工程实训装置的实施，对于实践能力的培养主要包括：智能楼宇的结构和工程设计能力；对讲门禁及室内安防系统的设计、安装与调试能力；消防系统的设计、安装与调试能力；视频监控及周界防范系统的设计、安装与调试能力；综合布线系统的施工能力；DDC 的安装、编程和调试能力；监控软件组态、通信和运行的能力；以及对智能楼宇系统故障的诊断与调试能力等。

任务 2　基本技能

一、任务目的

（1）能够辨认常用工具，并能正确使用工具进行实训操作。

（2）认知本实训装置使用的导线类型，并能正确使用工具处理和连接导线。

二、任务实施

1. 常用工具的使用

在智能楼宇装置实训过程中，经常使用的工具有各种类型的螺丝刀、钳子、电烙铁、镊子、万用表等，还有一些安装辅助材料，如不锈钢自攻螺丝钉、绝缘胶带、焊锡丝等，具体见表 1-1。

表 1-1　常用工具及辅助材料列表

名称	图例	功能说明	名称	图例	功能说明
螺丝刀		也称为"改锥"，主要用于拧转螺丝钉以使其就位或拆卸，常用的有"一字"和"十字"两种。使用时，应注意根据螺丝钉的大小、规格选用相应的螺丝刀	万用表		一般用于测量直流电流、直流电压、交流电流、交流电压、电阻等
尖嘴钳		主要用于剪切线径较细的单股或多股线、弯纹导线、剥塑料绝缘层、夹持较小的元器件等。由于尖嘴钳头部较尖，适用于在狭小空间操作	三角套筒		也称为三叉套筒扳手，主要用于拧转螺钉或螺母，适用于螺钉或螺母的尺寸较大或工作空间很狭窄的情况

名称	图例	功能说明	名称	图例	功能说明
偏口钳		也称为斜口钳，主要用于剪切元器件导线或较细导线。偏口钳也常用来代替一般剪刀剪切绝缘套管、尼龙扎线卡等	钢锯		主要用于锯割金属和非金属材料。使用时，左手扶在钢锯的前端，右手握住钢锯的锯柄，主要由右手推进施力
剥线钳		主要用于塑料或橡胶绝缘电线、电缆芯线的剥皮	内六角扳手		也称为艾伦扳手，专用于拧转内六角螺钉
网线钳		也称为压线钳，主要用于完成网线或电话线和水晶头的端接，同时还具有剥线和剪线的功能	镊子		主要用于夹持元器件、线缆等细小物体
简易打线剥线刀		主要用于剥削线缆（如网线、电话线、电源线等），还可用压线口将导线卡入信息模块，起到临时打线刀的作用，简单便捷	电烙铁		主要用于焊接元件及导线，按机械结构可分为内热式电烙铁和外热式电烙铁。使用时，电烙铁头的温度较高，使用不当会对元器件、其他物件或使用者造成损失，因此使用者应注意安全使用和摆放
单线打线器		用于将线缆（网线、电话线）的各条芯线依次卡入信息模块的对应线槽中	焊锡丝		与电烙铁配合使用，主要用于焊接元件及导线
五对打线器		用于将线缆（网线、电话线）芯线卡入信息模块的对应线槽中，可同时压接5对线缆	不锈钢自攻螺丝钉		主要用于紧固系统中的各种元器件
绝缘胶带		也称绝缘胶布，具有良好的绝缘耐压、阻燃、耐候等特性，主要用于电线接驳、电气绝缘、隔热防护等			

2. 认知线缆

（1）常用线缆　本套实训装置使用的线缆主要有电源导线、白色护套线、同轴电缆、双绞线等。在接线过程中，应使用号码管进行标识。

① 电源导线　如图1-8所示，电源导线采用多股铜芯软线，用于连接器件的12V、18V、24V直流电源以及总线、视频线和音频线。红色导线一般用于连接直流电源的正极，黑色导线一般用于连接直流电源的负极，白色导线一般用于连接电

路总线；黄色导线一般用于连接电路视频线；蓝色导线一般用于连接电路音频线。

图 1-8　电源导线

图 1-9　白色护套线

图 1-10　同轴电缆

图 1-11　双绞线

② 白色护套线　用于连接电源设备中的 AC220V 供电电源线，如图 1-9 所示。

③ 同轴电缆　用于连接相距较远的器件的视频信号线或对抗干扰要求较高的器件，如图 1-10 所示。

④ 双绞线　用于连接网络通信设备，如图 1-11 所示。

（2）线缆敷设的一般要求

① 在工程实施过程中，线缆布线前首先应核对规格、路由及位置是否与设计规定相符合。

② 布放的线缆两端应做好标签，标明始端和终端位置以及信息点的标号。

③ 线缆布放时，应使线缆平直，不能出现扭绞、打圈等现象，避免受到外力挤压和损失。在线槽内布放线缆时，应先将线缆放开抻直，捋顺后从始端到终端（先干线后支线）边放边整理，导线应顺直，尽量不交叉，不得有挤压、背扣、扭结和受损等现象。

④ 布放的线缆长度应有足够的冗余，避免出现线缆不够长的现象。

⑤ 绑扎线缆时，应采用尼龙绑扎带，不允许采用金属丝进行绑扎。

⑥ 线槽内不允许出现接头，线缆接头应放在接线盒内；在接线盒处，导线预留长度不应超过 150mm。

⑦ 从室外引进室内的线缆在进入墙内一段应采用橡胶绝缘导线，严禁使用塑料绝缘导线。同时，穿墙保护管的外侧应有防水措施。

【项目小结】

本项目介绍了智能楼宇的定义、组成及其系统构成，以及实训用智能楼宇工程实训装置、实训工具及其材料等。

我国国家标准《智能建筑设计标准》给出的智能建筑（智能楼宇）的定义：以建筑物为平台，基于对各类智能化信息的综合应用，集架构、系统、应用、管理及优化组合为一体，具有感知、传输、记忆、推理和决策的综合智慧能力，形成以人、建筑、环境互为协调的整合体，为人们提供安全、高效、便利及可持续发展功能环境的建筑。标准将智能建筑划分为甲、乙、丙三级。

智能楼宇是建筑技术、计算机技术、信息技术和自动控制技术相结合的现代建筑。智能楼宇是由三个独立的自动化子系统组成：楼宇自动化系统（BAS）、办公自动化系统（OAS）、通信自动化系统（CAS），即 3A 子系统，它们通过综合布线系统（PDS）有机地结合在一起，利用系统集成中心（SIC）进行综合管理。随着技术的细化，参考日本工业协会给出的智能楼宇的定义，智能楼宇也可划分为 5 个独立的自动化子系统：楼宇自动化系统（BAS）、办公自动化系统（OAS）、通信自动化系统（CAS），安全防范自动化系统（SAS）和消防自动化系统（FAS），即 5A 子系统，它们通过结构化综合布线系统（SCS）和结构化综合网络系统（SNS）有机地结合在一起，利用智能楼宇综合信息管理自动化系统（MAS）进行综合管理。

实训用的智能楼宇工程实训装置的结构主要包含智能大楼、智能小区、管理中心和楼道等，涵盖了对讲门禁、安防、视频监控、周界防范、消防、综合布线、DDC 监控等子系统。各系统既可独立运行，也可实现联动。

在智能楼宇实训过程中，常用的工具及安装辅助材料主要有螺丝刀、钳子、电烙铁、镊子、万用表、不锈钢自攻螺丝钉、绝缘胶带、焊锡丝等，常用的导线主要有电源导线、白色护套线、同轴电缆、双绞线等。在接线过程中，应使用号码管进行标识。

思考与练习

1. 什么是智能楼宇？
2. 智能楼宇应具有哪些基本功能？
3. 简述智能楼宇的 3A 子系统及 5A 子系统的组成。
4. 智能楼宇的技术基础有哪些？
5. 简述智能楼宇的发展趋势。
6. 参观一个比较典型的智能楼宇（如医院、博物馆、教学楼等），记录该楼宇有哪些智能化系统。

项目 2
对讲门禁及室内安防系统集成

【项目引导】

随着整个社会经济建设的快速发展，人们的生活水平、居住环境都得到了改善和提高，与此同时，人们对居住和工作环境的安全性要求也日益迫切。安全性已成为现代建筑质量标准中非常重要的一个方面。智能楼宇的安全防范系统是以保证居民安全为目的而建立起来的技术防范系统，它采用现代技术使人们能够及时发现入侵破坏行为，产生声光报警，通过图像和声音记录现场情况，并提醒值班人员采取适当的防范措施。加强楼宇安全防范设施的建设和管理，提高楼宇的安全防范功能，是当前城市建设和管理工作中的重要内容之一。对讲门禁和室内安防系统是智能楼宇的常见安防措施。

通过本项目的学习，应达到以下知识和技能目标：

- 理解安全防范系统的概念及组成。
- 掌握出入口控制系统的组成及应用。
- 掌握入侵报警系统的组成及应用。
- 能够描述对讲门禁系统的构成，并能够认知其常用设备。
- 能够描述室内安防系统的构成，并能够认知其常用设备。
- 能够描述实训装置中对讲门禁及室内安防系统的系统结构及系统工作原理。
- 能够正确使用实训装置中对讲门禁及室内安防系统，并进行简单的系统设计。
- 能够正确完成实训装置中对讲门禁及室内安防系统的设备安装、系统功能调试，并能进行故障分析及排除故障。

【项目相关知识】

一、安全防范系统概述

1. 安全防范系统的概念

安全防范系统简称安防系统，是指以维护公共安全为目的，综合运用技术防范产品和相关科学技术、管理方式所组成的公共安全防范体系。

安全防范的三个基本要素是：探测、延迟与反应。探测是指感知显性和隐性风险事件的发生并发出报警；延迟是指延长和推迟风险事件发生的进程；反应是指组织力量为制止风险事件的发生所采取的快速行动。

安全防范的基本手段有三种：人力防范（简称人防）、实体防范（物理防范，简称物防）和技术防范（简称技防）。这三种基本手段实现防范的最终目的都要围绕探测、延迟、反应这三个基本防范要素开展工作、采取措施，以预防和阻止风险事件的发生。三种安全防范手段在实施防范的过程中，所起的作用有所不同。

人防是指利用人们自身的传感器（眼、耳等）进行探测、发现妨害或破坏安全的目标，并做出反应，用声音警告、设障、武器还击等手段来延迟或阻止危险的发生，在自身力量不足时还要发出求援信号，以期待做出进一步的反应，制止危险的发生或处理已发生的危险。物防是由能保护目标的物理设施（如防盗门、防盗窗、锁、保险柜等）构成，主要作用是阻挡和推迟危险的发生，其功能以推迟危险发生的时间来衡量。技防是利用各种先进技术，如电子报警技术、视频监控技术、出入口控制技术、生物识别技术、计算机网络技术以及与其相关的各种软件、系统工程等安全防范的技术手段进行的安全防范。其中人防和物防是传统防范手段，是安全防范的基础。随着科学技术的不断进步，这些传统的防范手段也不断融入新科技的内容。技防是在近代科学技术用于安全防范领域并逐渐形成的一种独立防范手段，技防的概念是在此过程中所产生的一种新的防范概念。技防手段可以说是人防和物防手段的功能延伸和加强，是对人防和物防在技术手段上的补充和加强。在科学技术迅猛发展的当今时代，"技防"的概念越来越得到人们的认可和接受，技防的内容也随着科学技术的进步而不断更新，它在安全防范技术中的地位会越来越高，作用也将越来越重要。

2. 安全防范系统的组成

安全防范系统主要由出入口控制系统、入侵报警系统、视频监控系统、电子巡更系统和停车场管理系统等多种系统组成。各种系统可以单独运行，也可以联动，目前在智能楼宇中的应用非常广泛。

（1）出入口控制系统　出入口控制系统是用于控制进出建筑物或一些特殊房间和区域的管理系统，也称为门禁控制系统（简称门禁系统）。通过出入口控制系统可以实现对建筑物内外正常的出入口进行控制管理，并能指导人员在建筑物内及其相关区域活动。出入口控制系统的基本控制原理是：按照人的活动范围，预先制作出各种层次的卡或预定的密码，在相关的出入口安装相应的识别设备或密码键盘等，用户持有效卡或输入密码等才能通过和进入；如果遇到非法进入者，能自动报警。通过出入口控制系统可以有效控制人和物的流动，并能对出入情况进行查询，同时还可兼具考勤统计功能。目前出入口控制系统已成为智能建筑的标准配置之一。

（2）入侵报警系统 入侵报警系统利用各种探测器对建筑物内外的重要地点和区域进行布防，当探测到有非法入侵者时，系统将自动报警，并将信号传输到控制中心，有关值班人员接到报警后，可根据情况采取相应的措施，控制事态的发展。入侵报警系统除了具有自动报警功能外，还要有联动功能，可启动相应的防护设施。入侵报警系统能够根据现场的实际情况，使用不同的探测器进行周界防护和定位保护。

（3）视频监控系统 视频监控系统是电视技术在安全防范领域的应用，是一种先进的安全防范能力极强的综合系统。视频监控系统的主要功能是通过摄像机及其辅助设备来监控、记录现场的情况，使管理人员在控制室便能看到建筑物内外重要区域的情况，扩展了保安系统的视野，从而大大加强了安保的效果；同时，报警现场情况的记录，还可作为证据和用于分析案情。目前视频监控系统已广泛应用于政府、学校、银行、商场、写字楼、交通等各个领域，它是现代化管理、监测和控制的重要手段，也是智能楼宇的一个重要组成部分。

（4）电子巡更系统 电子巡更系统是将传统的人工巡逻向电子化、自动化方向转变，是人防与技防相结合的一个重要手段，大大提高了安全防范的能力。电子巡更系统是在指定的巡逻路线上安装巡更按钮或读卡器，安保人员在巡逻时，按照巡更系统管理程序设定巡更线路巡逻，并借助无线巡更棒依次在巡更按钮或读卡器上输入信息，其信息会被传送到控制中心。电子巡更系统可以帮助管理人员随时查询安保人员的巡逻情况、分析巡逻人员的表现，并对失盗失职现象进行分析。目前智能建筑均采用电子巡更系统。

（5）停车场管理系统 停车场管理系统是利用高度自动化的机电设备对停车场进行安全、快捷、高效的管理。通过停车场管理系统的使用，可以减少人工参与和人为失误，提高停车场的使用效率。

本项目主要涉及出入口控制系统和入侵报警系统，以下将针对这两个系统进行概况性介绍。

二、出入口控制系统概述

1. 出入口控制系统的组成

出入口控制系统是用于控制进出建筑物或一些特殊房间和区域的管理系统，即在出入口处，根据授权情况，对人或物这两类目标的出入进行放行、拒绝、记录和报警等操作的控制系统。因为其采用门禁控制方式提供安全保障，故又称为门禁控制系统（简称门禁系统）。出入口控制系统一般由出入口目标识别子系统、出入口信息管理子系统和出入口控制执行机构三部分组成，如图2-1所示。出入口控制系统的常见设备及软件有读卡器、识别卡、控制器、电动锁、出门按钮、上位PC机及门禁管理软件等。

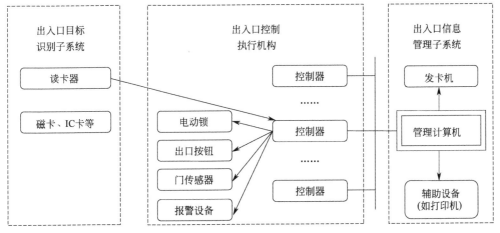

图 2-1 出入口控制系统的基本组成

（1）出入口目标识别子系统 出入口目标识别子系统主要用来接受出入人员的信息，通常采用各种卡式识别装置和生物识别装置来进行识别。卡式识别装置包括磁卡、IC 卡、射频卡、智能卡等，由于其价格便宜而广泛使用。生物识别（辨识）装置是利用人的生物特征进行辨识，如利用人的指纹、掌纹、视网膜等进行识别。由于每个人的生物特征不同，生物识别装置安全性极高，一般用于对安全性要求较高的部门或机构的出入口控制系统。

（2）出入口控制执行机构 出入口控制执行机构由控制器、电动锁、出口按钮、指示灯、报警设备等组成。控制器接收出入口目标识别子系统发来的相关信息，与自己存储的信息进行比较后做出判断，然后发出处理信息，控制电动锁，完成开锁/闭锁等动作。单个控制器就可以组成一个简单的出入口控制系统，用来管理一个或几个门。多个控制器通过通信网络与计算机连接起来，组成了可集中监控的出入口控制系统。

（3）出入口信息管理子系统 出入口信息管理子系统由管理计算机和相关设备以及管理软件组成。它管理着系统中所有的控制器，向它们发送命令，对它们进行设置，接收其送来的信息，完成系统中所有信息的分析与处理。

出入口控制系统可以与视频监控系统、电子巡更系统、火灾报警系统等连接起来，形成综合安全管理系统。

2. 出入口控制系统的功能

① 设定卡片权限。对已授权的人员允许其出入，对未授权人员拒绝其出入。系统可以设置每个读卡器的位置，指定可以接受哪些卡的使用，设置卡的权限，即每张卡可以进入哪道门、何时可以进入、是否需要密码等；且可跟踪卡的使用

情况。

② 设定电子门锁的开关时间。

③ 能够对人员的进出情况或者某人的出入情况进行统计、查询和打印。

④ 可与考勤系统结合。通过设定班次和时间，系统可以对存储的记录进行考勤统计。

⑤ 通过设置传感器检测门的状况。如果读卡机没有读卡或者没有接到开门信号，传感器检测到门被打开，则会发出报警信号。

⑥ 当接到火灾报警信号时，系统能够自动开启电动锁，以保障人员疏散。

3. 出入口控制系统的主要设备

（1）识别卡　按照工作原理、制作材料和使用方式的不同，识别卡可以分为磁卡和 IC 卡、接触式和非接触式等不同的类型。它们的作用都是作为电子钥匙使用，只是在使用的方便性、系统识别的保密性等方面有所不同。磁卡是一种磁记录介质卡片。它由高强度、耐高温的塑料涂覆磁性材料制成，使用较为稳定可靠。通常磁卡的一面印刷有指示性信息，如插卡方向等；另一面则有磁层或磁条，具有两三个磁道，记录有关数据信息。磁卡成本低，可以随时修改密码，使用相当方便。虽然磁卡有易被消磁的缺点，但其仍然是目前最普及的卡片，广泛用于智能楼宇的出入口和停车场管理系统中。IC 卡（integrated circuit card），又称为集成电路卡，它把一个集成电路芯片镶嵌在塑料基片中，封装成卡的形式，外形与磁卡相似。其优点是体积小、保密性好、无法仿造等。IC 卡可分为接触式和非接触式（感应式）两种。接触式 IC 卡由读/写设备的触点与卡上的触点相接触而接通电路进行信息的读/写。非接触式 IC 卡由 IC 芯片和感应天线组成，并完全密封在一个标准的 PVC 卡片中，无外露部分。非接触式 IC 卡的读/写，通常由非接触式 IC 卡与读卡器之间通过无线电波来实现。非接触式 IC 卡因为卡上无外露触点，不会造成污染、磨损等，提高了可靠性；因为不需要进行卡的拔插，提高了操作的便利性和使用速度；因为卡内数据读/写时，都经过了复杂的数据加密和严格授权，从而提高了安全性。

（2）读卡器　读卡器是出入口控制系统的前端设备，可分为物理辨识器（证件认证）和生物辨识器（身份认证）两种识别器。物理辨识器又分为磁卡读卡器、IC 卡读卡器、光学读卡器、条码读卡器、感应式读卡器等。根据接触方式分为接触式和非接触式。接触式读卡器是指必须将识别卡插入读卡器内或在槽中划一下，才能读到卡号，例如 IC 卡、磁卡等。这类卡和读卡器的缺点是：磁卡极易受强磁干扰而丢失数据，易被复制，在摩擦、湿热等条件下，易丢失数据，使用寿命短。非接触式读卡器是指识别卡无须与读卡器接触，相隔一定的距离就可以读出卡内的数据，例如感应卡。生物辨识器包括指纹机（利用每个人的指纹差异做对比识别）、掌纹机（利用每个人的掌形和掌纹特性做对比识别）、视网膜识别机（利用光学摄像，对比每个人的视网膜血管分布差异做对比识别）、声音识别机（利用每个人的声音差异及所说的内容不同做对比识别）等。

（3）写入器　写入器是对各种识别卡写入各种标志、代码和数据（如金额、防伪码）等。

（4）控制器　控制器是出入口控制系统的核心，由一台计算机和相应的外围设备组成。它完成对识别卡的识别和对信息的分析判断，并按照预先设定的程序进行相应的控制。它还可以与上一级计算机进行通信，组成联网式出入口控制系统。

（5）电控锁　出入口控制系统所使用的电控锁可以在控制器的控制下自动打开，主要有三种类型：电磁锁、电插锁和电阴锁。电阴锁一般为通电开门，电磁锁和电插锁一般为通电锁门。电磁锁又称为磁力锁，是利用电磁铁通电产生磁吸力的原理制成。电磁锁要符合消防规定对门锁的要求，当发生火灾时可自动打开，控制器自动断电或解除控制，即断电开门、通电锁门。它适合于单向开门，可安装于木门、玻璃门、金属门等。电插锁又称为阳极锁，通过电流的通断驱动锁舌的伸出或缩回以实现锁门或开门的功能。它的工作方式有两种：通电开锁和断电开锁。它经常用于平开门，可安装于木门、铝合金门和有框玻璃门。电阴锁又称为阴极锁，其工作原理与电插锁相似。它适合于单向开门，可安装于木门上。

（6）管理计算机　出入口控制系统的管理计算机是通过专用的管理软件对系统所有的设备和数据进行管理。它的主要功能包括设备管理、时间管理、数据库管理、网间通信等。

4. 对讲门禁系统

在智能住宅小区中，对讲门禁系统也是一种出入口控制系统。通过该系统，入口处的来访者可以直接或通过门卫与室内主人建立声音、视频通信联络，主人可以与来访者通话，并通过声音或安装在家里的分机显示屏幕上的影像来辨认来访者。当来访者被确认后，主人可利用分机上的门锁控制键，打开电控门锁，允许来访者进入。对讲门禁系统按功能可分为单对讲型和可视对讲型两种，还可分为独立型对讲系统和联网型对讲系统。

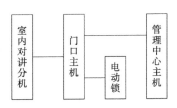

图 2-2　对讲门禁系统的基本组成

对讲门禁系统的基本组成如图 2-2 所示。室内可视对讲分机用于住户与来访者或管理中心人员通话、观看来访者的影像及开门，同时也可以监控门口的情况。门口主机用于实现来访者与住户的可视对讲通话；门口主机内可装有摄像头、扬声器、麦克风和电路板，机面设有多个功能键，一般安装在特制的防护门上或墙壁上。电动锁安装在入口门上，受控于住户和保安人员，平时闭锁；当确认来访者可以进入后，主人通过室内对讲分机上的开门键来打开电动锁，来访者才可以进入；进门后电控锁自动闭锁。另外，也可以通过钥匙、密码或门内的开门按钮打开电控锁。在大多数楼宇可视对讲系统中，都设有管理中心主机，通常设在安保人员值班室；控制中心主机装有电路板、电子铃、功能键和电话机（有的主机带有显示屏和扬声器），并可以外接摄像机和监视器。对讲门禁系统采用 220V 交流电源供电，经过整流变成满足门口主机和室内对讲分机所需的直流电源；为了保证在停电时系统能够正常使用，应加入充电电池作为备用电源。

三、入侵报警系统概述

1. 入侵报警系统的基本组成

当有入侵者入侵防范区域时，通过入侵报警系统能够发现并及时发出报警信号。它能够根据现场情况，使用不同的探测器进行周界防护和定位保护。入侵报警系统一般由探测报警器、信号传输系统和报警控制中心组成，如图 2-3 所示。

图 2-3　入侵报警系统的基本组成

（1）探测报警器　按照各种防范要求和使用目的，在防范的区域和地点安装一定数量的各种探测报警器，负责探测受保护区域现场的任何入侵活动。探测报警器由传感器和前置信号处理电路两部分组成，可以根据不同的防范场所选用不同的探测报警器。

（2）信号传输系统　信号传输系统负责将探测器所探测到的信息传送到报警控制中心。根据传输介质不同，主要分为两种传送方式：有线传输和无线传输。有线传输是利用双绞线、电话线、电力线、电缆或光缆等有线介质传输信息；无线传输是用无线电波传输信息，需要发射和接收装置。

（3）报警控制中心　报警控制中心由信号处理器和报警装置等设备组成，负责处理从各保护区域送来的现场探测信息。若有情况，控制器就会控制报警装置以声、光形式报警，并可在屏幕上显示。对于较复杂的报警系统，还要求对报警信号进行复核，以检验报警的准确性。报警控制中心通常设置在安保人员工作的地方，还应与公安部门进行联网。同时，它还可与其他系统联动，形成统一、协调的安全防范体系。

2. 入侵报警系统的功能

入侵报警系统是利用各种探测器对建筑物内外的重点区域和重要地点进行布

防，防止非法入侵。它应具有以下几个方面的功能：

① 布防与撤防　在正常工作时，工作人员频繁出入探测器所在区域，报警控制器即使接收到探测器发来的报警信号也不能发出报警，这时就需要撤防。工作人员下班后，需要布防。布防与撤防一般利用报警控制器的键盘来完成。

② 布防后的延时　即为布防工作人员撤出预留时间。

③ 防破坏　如果有人对线路和设备进行破坏，报警控制器也应当发出报警信号。常见的破坏是线路短路或断路。这两种情况中发生任何一种，都会引起控制器报警，从而达到防止破坏的目的。

④ 计算机联网功能　作为智能安防设备，应具有通信联网功能，以使本区域的报警信号能够传送到控制中心，由控制中心的计算机进行数据分析处理，提高系统的自动化程度。

3. 常用的入侵探测报警器

入侵探测报警器是由用来探测入侵者的移动或其他动作的电子及机械部件所组成的装置。它是以探测目标处的各种物理变化（温度、频率、声音、光、振动等）作为探测对象，并将变化的物理量转变为符合控制器处理要求的电信号。

根据传感器的原理不同，入侵探测报警器可以分为开关报警器、玻璃破碎报警器、周界报警器、声控报警器、微波报警器、红外线报警器、超声波报警器、双鉴探测报警器等。

（1）开关报警器　开关报警器是一种可以把防范现场传感器的位置或工作状态的变化转换为控制电路通断的变化，并以此来触发报警电路的探测报警器。由于这类探测报警器的传感器类似于电路开关，因此称为开关报警器。它作为点控型报警器，可分为磁控开关型、微动开关型、压力开关型等类型。

① 磁控开关型　磁控开关由（带金属触点的两个簧片封装在充有惰性气体的）玻璃管（也称干簧管）和一块磁铁组成，如图2-4所示。当磁铁靠近干簧管时，管中带金属触点的两个簧片在磁场作用下被吸合，A、B两点接通；当磁铁远离干簧管时，管中带金属触点的两个簧片由于干簧管附近磁场减弱或消失，簧片靠自身弹性作用恢复到原来的位置，则A、B两点断开。使用时，一般把磁铁安装在被防范物体（如门、窗）的活动部位，把干簧管安装在固定部位（如门框、窗框）。磁铁与干簧管需要保持适当距离，以保证门、窗关闭时干簧管触点闭合，门、窗打开时干簧管触点断开，控制器产生断路报警信号。

② 微动开关型　微动开关是一种依靠外部机械力的推动实现电路通断的电路开关，其结构如图2-5所示。当外力通过按钮作用于动簧片上时，簧片末端的动触点A与静触点B快速接通，同时断开C点；当外力撤除后，动簧片在弹簧的作用下，迅速恢复原位，则A、C两点接通，A、B两点断开。在使用微动开关作为开关报警传感器时，需要把它固定在被保护物之下。一旦被保护物被意外移动或抬起

时，控制电路就会发生通断变化，引起报警装置发出声光报警信号。

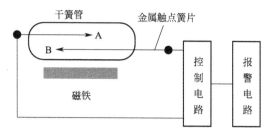

图 2-4　磁控开关报警器结构示意

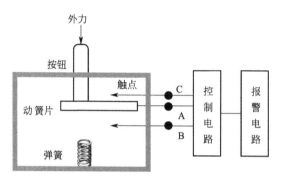

图 2-5　微动开关报警器结构示意

③ 压力开关型　压力开关是利用压力控制开关的通断。压力垫就是典型的应用。压力垫是由两条平行的弹性金属带构成，没有压力时两条金属带被弹性绝缘材料支撑断开，当有人或物品压在压力垫上时，两金属带受压接触，开关接通，触发报警。压力垫开关可以安放在地毯下面，当有入侵者踏上地毯时，压力垫就会触发报警。

（2）玻璃破碎报警器　玻璃破碎报警器能对高频的玻璃破碎声音（10～15kHz）进行有效检测，而对 10kHz 以下的声音信号（如说话、走路声）有较强的抑制作用。玻璃破碎报警器按照工作原理的不同分为两大类，即声控型的单技术玻璃破碎报警器和双技术玻璃破碎报警器。

① 声控型的单技术玻璃破碎报警器　它是一种具有选频作用（带宽 10～15kHz）的、有特殊用途（可将玻璃破碎时产生的高频信号驱除）的声控探测报警器。

② 双技术玻璃破碎报警器　主要有两种：声控-震动型和次声波-玻璃破碎高频声响双技术报警器。声控-震动型是将声控与震动探测两种技术组合在一起，只有同时探测到玻璃破碎时发出的高频声音信号和敲击玻璃引起的震动，才输出报警信号。次声波-玻璃破碎高频声响双技术报警器是将次声波探测技术和玻璃破碎高频声响探测技术组合到一起，只有同时探测到敲击玻璃和玻璃破碎时发出的高频声响

信号和引起的次声波信号才触发报警。

（3）周界报警器　周界报警器的传感器可以固定安装在围墙、栅栏上或者地下，当入侵者接近或越过周界时产生报警信号。常用的周界报警器有泄漏电缆传感器、平行线周界传感器和光纤传感器等类型。

① 泄漏电缆传感器　这种传感器是同轴电缆结构，当电缆传输电流时会向周围泄漏电场，把平行安装的两根周界报警器电缆分别接到高频信号发生器和接收器上就组成了泄漏电缆传感器。将泄漏电缆埋到地下后，当有入侵者进入探测区时，会使空间电磁场的分布状态发生变化，引起接收器接收到的电磁能量产生变化，将此能量的变化作为报警信号来触发报警器工作。

② 平行线周界传感器　这种周界传感器是由多条平行导线构成。在多条平行导线中有一部分导线与振荡频率为 $1\sim40\text{kHz}$ 的信号发生器连接，称为场线。工作时，场线向周围空间辐射电磁场。另一部分平行导线与报警信号处理器连接，称为感应线。场线辐射的电磁场在感应线中产生感应电流。当入侵者靠近或穿越平行导线时，就会改变电磁场的分布状态，相应地使感应线中的感应电流发生变化，报警信号处理器检测出此电流变化量后作为报警信号发出。

③ 光纤传感器　把光纤固定在长距离的围栏上，当有入侵者翻越围栏压迫光缆时，会使光纤中的光传输模式发生变化，就可探测出有入侵者侵入，报警器便发出报警信号。

（4）声控报警器　声控报警器是用微音器作传感器，用来监测入侵者在防范区域内走动或作案时发出的声响，并将其转换为电信号经传输线送到报警控制器，这种声响也可供值班人员对防范区域进行监听。声控报警器通常与其他类型的报警装置配合使用，作为报警复核装置，可以大大降低误报和漏报的概率。

（5）微波报警器　微波报警器是利用微波进行探测和报警。其按照工作原理不同，可分为微波移动报警器和微波阻挡报警器两种。

① 微波移动报警器　微波移动报警器由探头和控制器两部分组成，探头安装在防范区域，控制器设在值班室。探头中的微波振荡源产生一个固定频率的微波并通过天线向所防范的空间发射，同时接收反射波。当有物体在探测区域内移动时，反射波的频率与发射波的频率有差异，两者频率差称为多普勒频率。探测器就是根据多普勒频率来判定探测区域中是否有物体移动。这种报警器对静止物体不产生反应，无报警信号输出。由于微波具有方向性，它的辐射可以穿透水泥墙和玻璃，在使用时需要考虑安放的位置与方向，通常适合于开放的空间或广场。

② 微波阻挡报警器　这种报警器由微波发射机、微波接收机和信号处理器组成。使用时将发射天线和接收天线相对放置在监控场地的两端，发射天线发射微波直接送到接收天线。当没有运动目标阻挡微波波束时，微波能量被天线接收，发出正常工作信号，当有运动目标阻挡微波波束时，接收天线接收的能量将减弱或消

失，此时产生报警信号。

（6）超声波报警器 超声波报警器与微波报警器一样，都是利用多普勒效应的原理实现的。不同的是，它们所采用的波长不同。通常把 20kHz 以上的声波称为超声波。当有入侵者在探测区域内移动时，超声反射波会产生大约 100Hz 的频率偏移，接收机检测出发射波与反射波之间的频率差异后，就发出报警信号。超声波报警器容易受到震动和气流的影响，使用时，不要放在松动的物体上，同时还要注意周围是否有其他超声波存在，以防止干扰。

（7）红外线报警器 红外线报警器是利用红外线能量的辐射及接收技术制成的报警装置。按照工作原理，其可以分为主动式和被动式两种。

① 主动式红外线报警器 由发射装置、接收装置两部分组成。发射装置向安装在几米甚至几百米远的接收装置发射一束红外线光束，此光束被遮挡时，接收装置就发出报警信号。因此它也是阻挡式报警器，或称为对射式报警器。红外线对射探头要选择合适的响应时间：太短容易误报，如小鸟飞过、小动物穿过等，甚至刮风都可以引起误报；太长则会漏报。主动式红外线报警器有较远的传输距离，因红外线属于非可见光源，入侵者难以发觉与躲避，防范效果明显。

② 被动式红外线报警器 它不向空间辐射任何形式的能量，而是采用热释电探测器作为红外探测器件，探测监视活动目标在防范区域内引起的红外辐射能量的变化，从而启动报警装置。当有入侵者进入防范区域时，原来稳定不变的热辐射被破坏，产生一个变化的热辐射，红外传感器接收处理后，发出报警信号。被动式红外线报警器具有功耗小、抗干扰能力强、不受噪声影响等优点。

（8）双鉴探测报警器 各种报警器各有优缺点，单一类型的报警器因为环境干扰和其他因素容易引起误报警的情况。为了减少误报，人们提出了互补探测技术的方法，即把两种不同探测原理的探测器组合起来，组成具有两种技术的组合报警器，称为双鉴探测报警器。常用的双鉴探测报警器有微波与超声波组合报警器、超声波与被动式红外线组合报警器、微波与被动式红外线组合报警器等。

各种入侵探测报警器的主要差别在于探测器，可依据保护对象的重要程度、保护范围的大小、防范对象的特点和性质等选用探测器。

4. 防范区域与探测区域

依据设计要求确定防范区域与探测区域，首先应分析设防区域和部位，设防区域分类如表 2-1 所示。

表 2-1 设防区域分类

设防区域类别		设防区域
周界	外周界	建筑物单体外围、建筑群体外围、建筑物周边外墙等
	内周界	建筑物单体内层、建筑群体内层、建筑物顶层及墙体、地板或天花板等

设防区域类别		设防区域
出入口	正常出入口	建筑物及建筑群周界出入口、建筑物地面层出入口、建筑物内或楼群间通道出入口、安全出口、疏散出口等
	非正常出入口	建筑物门、窗、通风道、电缆井(沟)、给排水管道等
通道		周界主要通道、门厅(大堂)、楼内各楼层内部通道、各楼层电梯厅、自动扶梯口等
公共区域		营业场所外厅、重要部位外厅或前室、会客厅、购物中心、商务中心、会议室、多媒体教室、功能转换层、避难层等
重要区域		贵重物品展览厅、营业场所内厅、档案资料室、保密室、重要工作室、财务出纳室、建筑机电设备监控中心、楼层设备间、信息机房、重要物品库、保险柜、监控中心等

防区划分可以是一个楼层、几个房间、一个房间，每个防区可包含任意数量的报警点，可通过控制设备和管理软件按时间监控和操作各区域的布撤防、报警点等。

探测区域应按独立房（套）间划分。一个探测区域的面积由具体规格型号的探测器的技术参数决定，选择的探测器其探测灵敏度及覆盖范围应满足使用要求，防范区域应在探测器的有效探测范围内，防范区域应无盲区。采用多种技术的入侵探测器交叉覆盖时，应避免相互干扰。

5. 探测器的选择

不同场所选择的探测器种类如表 2-2 所示。

表 2-2　探测器的选择

探测区域或部位		探测器
周界	规则外周界	主动红外探测器、微波墙式探测器、激光探测器、光纤周界探测器、振动电缆探测器、泄露电缆探测器、电场线感应探测器等
	不规则外周界	光纤周界探测器、长导体电体断裂原理探测器、振动电缆探测器、泄露电缆探测器、电场线感应探测器、高压电子脉冲探测器等
	无围墙(栏)外周界	主动红外探测器、微波墙式探测器、激光探测器、泄露电缆探测器、电场线感应探测器、高压电子脉冲探测器等
	内周界	振动电缆探测器、声波振动双技术玻璃破碎探测器等
出入口	正常出入口	多普勒微波探测器、被动红外探测器、超声波探测器、声控探测器、视频探测器、微波红外双技术探测器、超声波红外双技术探测器、磁控开关等
	非正常出入口	多普勒微波探测器、被动红外探测器、超声波探测器、声控探测器、视频探测器、微波红外双技术探测器、超声波红外双技术探测器、声控玻璃破碎探测器、振动探测器、磁控开关、短导体电体断裂原理探测器等
通道		多普勒微波探测器、被动红外探测器、超声波探测器、声控探测器、视频探测器、微波红外双技术探测器、超声波红外双技术探测器等

探测区域或部位	探测器
公共区域	多普勒微波探测器、被动红外探测器、超声波探测器、声控探测器、视频探测器、微波红外双技术探测器、超声波红外双技术探测器、报警紧急装置等
重要部位	多普勒微波探测器、被动红外探测器、超声波探测器、声控探测器、视频探测器、微波红外双技术探测器、超声波红外双技术探测器、振动探测器、声控振动双技术玻璃破碎探测器、磁控开关、报警紧急装置等

6. 常用术语

① 防区 即防范区域，指一个可以独立识别的安全防范区域。

② 布防 对防区内的探测报警器的触发报警输出做出报警反应，对报警事件进行处理的工作状态。

③ 撤防 停止对防区报警事件的反应和处理工作。

④ 延时防区 也称为出入防区，在布防后产生一个外出延时，在规定时间内不触发报警，一旦超过规定时间立即生效的防区。主要用于出入口路线，如正门、走廊、主要出入口。此防区的布防探测器有门磁探测器等。

⑤ 周界防区 也称为周边防区，用于建筑物四周或门磁的防护，布防后立即生效的防区。此防区的布防探测器有主动红外探测器等。

⑥ 立即防区 一般设在建筑物内，一旦布防立即生效的防区。主要探测器有被动红外探测器、双鉴探测器、幕帘探测器等。

⑦ 24h 防区 无论是否布防，在任何时候均有效的防区，主要探测器有烟感探测器、温感探测器、燃气探测器、紧急按钮等。

【项目实训环境】

一套 THBAES 智能楼宇工程实训装置的对讲门禁及室内安防系统实训装置；一套安装工具；常用线缆和线槽等辅助材料。

【项目实训任务】

任务 1 对讲门禁及室内安防系统的认知

一、任务目的

（1）能够认知对讲门禁及室内安防实训系统的主要设备并能描述其功能。

（2）能够描述对讲门禁及室内安防实训系统的系统构成及工作原理。

（3）能够绘制对讲门禁及室内安防实训系统的系统结构图。

二、任务实施

1. 认知对讲门禁系统设备

对讲门禁系统通常是指采用现代电子与信息技术，在出入口对人或物这两类目标的进、出，进行放行、拒绝、记录和报警等操作的控制系统。本套实训装置中，对讲门禁系统由出入口目标识别设备、出入口信息管理设备和出入口控制执行机构三部分构成，主要由管理中心机、室外主机、室内分机、电磁锁、电源等设备组成。

图 2-6 室外主机

（1）出入口目标识别设备

① 室外主机　联网式可视室外主机，如图 2-6 所示，是位于楼宇出入口处（如单元门）的选通、对讲控制装置。室外主机一般安装在楼宇出入口处的防盗门上或附近的墙上，具有呼叫住户、呼叫管理中心机、密码开门和刷卡开门等功能。可视室外主机主要包括面板、底盒、操作部分、音频部分、视频部分、控制部分等。

② 室内分机　如图 2-7 所示，是安装在各住户室内的通话对讲及控制开锁的装置，可以分为可视室内分机和非可视室内分机两种。该实训系统中的可视室内分机是集对讲、监视、锁控、呼叫、报警等功能于一体的新一代可视对讲产品。例如，住户可通过室内分机接听室外主机的呼叫，并为来访者打开单元门的电控锁；可看到来访者的图像，与其进行可视通话；当住户遇到紧急事件或需要帮助时，可通过室内分机呼叫管理中心，并与管理中心通话。该实训系统中的非可视室内分机具备最基本的功能按键：开锁按键和呼叫按键。开锁按键主要功能是在主机呼叫分机后，分机通过此按键开启单元门的电控锁；呼叫按键的主要功能是在数字式联网系统中，当住户按动分机的呼叫按键时，管理中心可以显示住户房间号码。

(a) 可视室内分机　　　　(b) 非可视室内分机

图 2-7 室内分机

（2）出入口控制执行机构　出入口控制执行机构执行从出入口管理子系统发来的控制命令，在出入口做出相应的动作，实现出入口控制系统的拒绝与放行操作。

① 磁力锁控制器 如图 2-8 所示，是接收来自出入口管理子系统发来的控制命令，并控制其他设备做出相应的动作，实现出入口控制系统的拒绝与放行操作。

② 电插锁 如图 2-9 所示，是根据出入口管理子系统发来的控制命令，执行开锁与关锁的操作。

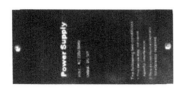

图 2-8　磁力锁控制器

图 2-9　电插锁

（3）出入口信息管理设备 管理中心机，如图 2-10 所示，是安装在小区安保管理中心的通话对讲设备，可控制各单元门电控锁的开启。管理中心机负责统一协调管理各子系统的终端，主要功能是接收住户呼叫、与住户对讲、报警提示、开单元门、呼叫住户、监视单元门口、记录系统各种运行等。

图 2-10　管理中心机

图 2-11　联网器

（4）其他设备

① 联网器 如图 2-11 所示，是对讲门禁系统的联网设备，实现各单元（或别墅）和管理中心、小区门口的联网，可连接室外主机、视频切换器和小区门口机。

② 层间分配器 如图 2-12 所示，是用于连接室外机与室内机的设备。它连接着室外机与室内机的总线，给室内机提供电源，负责切换室外机与同一层的不同室内机间的音视频通道。同时它还隔离着室外机与室内机，具有电源、总线及音频的短路保护功能。

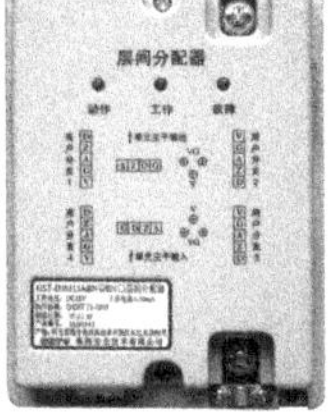

图 2-12　层间分配器

③ 通讯转换模块 如图 2-13 所示，可连接 RS232/RS485 和 CAN 网络，通过串行电缆与 PC 机或其他设备进行连接，实现通讯信号的转换。

④ 出门按钮 也称为开门按钮，如图 2-14 所示，主要用于安防系统、门禁等系统。一般为常开状态，特殊场合也有常闭状态的按钮，原理是在按下的一瞬间给

出一个两芯干接点信号，同时在弹簧的作用下返回常态位置。

⑤ 门前铃　如图2-15所示，一般安装在各住户的户门附近，用于呼叫室内分机并进行通话。

图2-13　通讯转换模块　　　　图2-14　出门按钮　　　　图2-15　门前铃

2. 认知室内安防系统设备

当住户室内发生安全问题，如非法入侵、煤气泄漏、火灾、老人急病等紧急事件时，可以通过安装在室内的各种电子探测报警器自动报警，接警中心将根据警情做出及时响应，如迅速派出安保或救护人员赶往住户现场进行处理。本套实训装置中，室内安防系统主要由门磁、警铃、被动红外探测器、紧急求助按钮、燃气探测器、感烟探测器等设备组成。

（1）紧急求助按钮　如图2-16所示，用于在紧急情况，如当银行、家庭、机关、工厂等场合出现入室抢劫、盗窃等险情或其他异常情况时，通过人工操作来实现紧急报警。

（2）警号　也称为警铃，如图2-17所示，用于防盗、消防警报器。在发生紧急情况的时候，如当出现入室抢劫、盗窃等险情或其他异常情况时，由多功能室内分机控制触发报警，一般每个区域设置一个，警示声音效果好。

图2-16　紧急求助按钮　　　　　　　　图2-17　警铃

（3）门磁　如图2-18所示，由永久磁铁和干簧管（又称磁簧管或磁控管）两部分组成。干簧管是一个内部充有惰性气体（如氢气）的玻璃管，内装有两个金属簧片，形成触点。固定端和活动端分别安装在"智能小区"的门框和门扇上。

（4）光电感烟探测器　也被称为感烟式火灾探测器、感烟探测器等，如图2-19所示，主要用于消防系统，在安防系统建设中也有应用。感烟火灾探测器是采用特殊结构设计的光电传感器，采用 SMD 贴片加工工艺生产，具有灵敏度高、稳定可靠、低功耗、美观耐用、使用方便等特点，可进行模拟报警测试。

（5）可燃气体探测器　　如图 2-20 所示，采用长寿命气敏传感器，具有传感器失效自检功能，可感应气体包括煤气、天然气、液化石油气等。

图 2-18　门磁

图 2-19　感烟探测器

（6）被动红外空间探测器　　又称热感式红外探测器，如图 2-21 所示。它的特点是不需要附加红外辐射光源，本身不向外界发射任何能量，探测器直接探测来自移动目标的红外辐射，因此被称为被动红外探测器。任何物体，包括生物和矿物体，因表面温度不同，都会发出强弱不同的红外线。各种不同物体辐射的红外线波长也不同，人体辐射的红外线波长是在 $10\mu m$ 左右，而被动式红外探测器件的探测波长范围是在 $8\sim14\mu m$，因此它能较好地探测到活动的人体跨入警戒区段，从而发出警戒报警信号。被动式红外探测器按结构、警戒范围及探测距离的不同，可分为单波束型和多波束型两种。单波束型采用反射聚焦式光学系统，其警戒视角较窄，一般小于 5°，但作用距离较远（可达百米）。多波束型采用透镜聚集式光学系统，用于大视角警戒，可达 90°，作用距离只有几米到十几米。

红外探测器用于对重要出入口的入侵警戒及区域防护，一般安装在门口附近，并且方向要面向门口以保证其灵敏度。

（7）被动红外幕帘探测器　　简称幕帘探测器，如图 2-22 所示，一般是采用红外双向脉冲计数的工作方式，即 A 方向到 B 方向报警、B 方向到 A 方向不报警。因幕帘探测器的报警方式具有方向性，所以也叫做方向幕帘探测器。幕帘探测器具有入侵方向识别能力，用户从内到外进入警戒区，不会触发报警，在一定时间内返回不会引发报警，只有非法入侵者从外界侵入才会触发报警，极大地方便了用户在设防的警戒区域内活动，同时又不触发报警系统。

图 2-20　可燃气体探测器

图 2-21　被动红外空间探测器　　图 2-22　被动红外幕帘探测器

3. 认知对讲门禁及室内安防的系统结构

（1）对讲门禁系统结构　本套实训装置中，对讲门禁系统结构如图 2-23 所示，其中管理中心机可实现与室内分机及门口主机的通话，并能看到门口主机传过来的视频图像；室内分机能够实现可视对讲、打开电插锁、向管理主机发出求助信号；住户可凭 IC 卡或密码自由出入等。

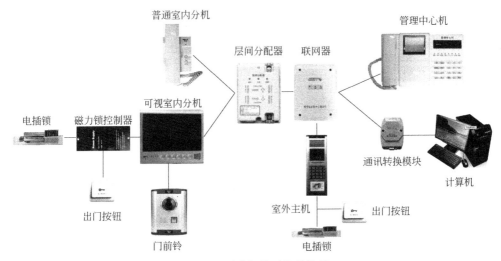

图 2-23　对讲门禁系统结构图

（2）室内安防系统结构　本套实训装置中，室内安防系统结构如图 2-24 所示，它能够实现可燃气体泄漏报警、入侵报警及人工报警；并在报警信号发出时启动可视对讲分机警号，以提醒室内人员；同时报警信号也会经过系统传输到管理中心机，通知控制室的保安人员采取相应的措施。

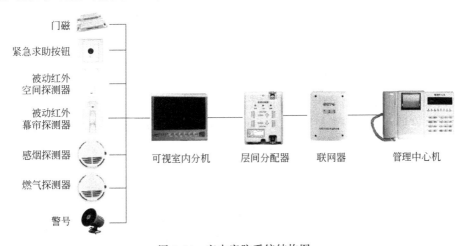

图 2-24　室内安防系统结构图

（3）对讲门禁及室内安防系统结构　本套实训装置中，对讲门禁及室内安防系统结构如图 2-25 所示。

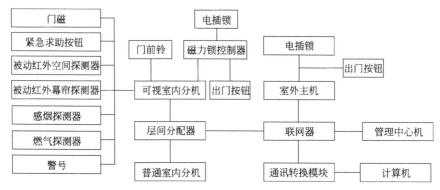

图 2-25　对讲门禁及室内安防系统结构图

任务 2　对讲门禁及室内安防系统的安装与调试

一、任务目的

（1）能够描述对讲门禁及室内安防实训系统设备的主要连接端口的功能。

（2）能够识读对讲门禁及室内安防实训系统的系统接线图。

（3）能够描述对讲门禁及室内安防实训系统实现的系统功能。

（4）能够正确实行对讲门禁及室内安防实训系统的安装、参数设置及功能调试。

（5）能够正确使用对讲门禁及室内安防实训系统，以实现系统功能。

二、任务实施

1. 认知系统设备的端口功能

（1）对讲门禁系统设备的端口功能

① 联网器　接线端子如图 2-26 所示，各接线端子的功能说明如表 2-3 所示。

表 2-3　联网器接线端子的功能说明

外网端子（XS1）			
端子序号	标识	名称	与管理中心机的连接关系（OUTSIDE）
1	V1	视频 1	接外网通讯（管理中心机）接线端子 V1
2	V2	视频 2	接外网通讯（管理中心机）接线端子 V2
3	G	地	接外网通讯（管理中心机）接线端子 G

外网端子(XS1)			
端子序号	标识	名称	与管理中心机的连接关系(OUTSIDE)
4	A	音频	接外网通讯(管理中心机)接线端子 A
5	CH	CAN 总线	接外网通讯(管理中心机)接线端子 CH
6	CL	CAN 总线	接外网通讯(管理中心机)接线端子 CL

室内方向端子(XS2)			
端子序号	标识	名称	与层间分配器的连接关系(USER1)
1	V	视频	接单元通讯(层间分配器)端子 V
2	G	地	接单元通讯(层间分配器)端子 G
3	A	音频	接单元通讯(层间分配器)端子 A
4	Z	总线	接单元通讯(层间分配器)端子 Z

室外方向端子(XS3)			
端子序号	标识	名称	与室外主机的连接关系(USER2)
1	V	视频	接室外主机通讯接线端子 V
2	G	地	接室外主机通讯接线端子 G
3	A	音频	接室外主机通讯接线端子 A
4	Z/M12	总线	接室外主机通讯接线端子 Z(4)或门前铃电源端子 M12

电源端子(XS4)			
端子序号	标识	名称	与电源箱的连接关系(POWER)(18V)
1	D+	电源	电源 D
2	D—	地	电源 G

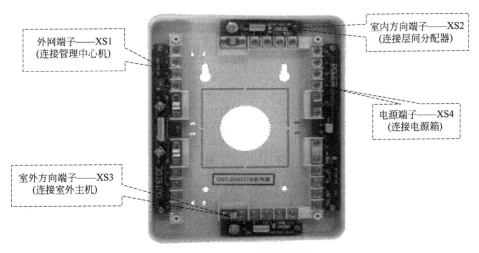

图 2-26 联网器的接线端子

② 层间分配器　接线端子如图 2-27 所示，各接线端子的功能说明如表 2-4 所示。

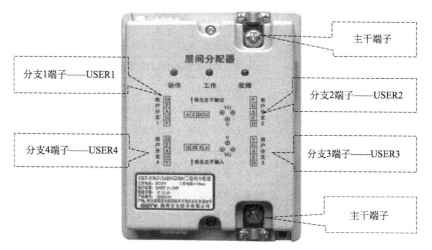

图 2-27　层间分配器的接线端子

表 2-4　层间分配器接线端子的功能说明

主干端子			
端子序号	标识	名称	连接关系
1	V	视频	接联网器视频端子 V
2	G	地	接联网器地线端子 G
3	A	音频	接联网器音频端子 A
4	Z	总线	接联网器总线端子 Z
5	D	电源	接联网器电源端子 D
6	GND	地	接联网器地线端子 G
分支端子(分支 1~4)			
端子序号	标识	名称	连接关系
1	V	视频	接室内分机视频端子 V
2	G	地	接室内分机地线端子 G
3	A	音频	接室内分机音频端子 A
4	Z	总线	接室内分机总线端子 Z
5	D	电源	接室内分机电源端子 D

③ 管理中心机　接线端子如图 2-28 所示，各接线端子的功能说明如表 2-5 所示。

图 2-28　管理中心机的接线端子

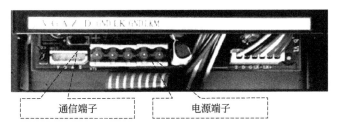

图 2-29　室外主机的接线端子

表 2-5　管理中心机接线端子的功能说明

端口	序号	标识	名称	连接设备	说明
GND AI GND VI GND VO 1 2 3 4 5 6	1	GND	地	室外主机或 矩阵切换器	音频信号输入端口
	2	AI	音频入		
	3	GND	地		视频信号输入端口
	4	VI	视频入		
	5	GND	地	监视器	视频信号输出端， 可外接监视器
	6	VO	视频出		
CANH CANL 1 2	1	CANH	CAN 正	室外主机或 矩阵切换器	CAN 总线接口
	2	CANL	CAN 负		
RS232	1-9	RS232		计算机	RS232 接口， 接上位计算机
D1　D2	1	D1	18V 电源	电源箱	给管理中心机供电， 18V 无极性
	2	D2			

④ 室外主机　接线端子如图 2-29 所示，各接线端子的功能说明如表 2-6 所示。

表 2-6　室外主机接线端子的功能说明

电源端子			
端子序号	标识	名称	连接关系
1	D	电源	电源＋18V
2	G	地	电源端子 GND
3	LK	电控锁	接电控锁正极
4	G	地	接锁地线
5	LKM	电磁锁	接电磁锁正极

通信端子			
端子序号	标识	名称	连接关系
1	V	视频	接联网器室外主机端子 V
2	G	地	接联网器室外主机端子 G
3	A	音频	接联网器室外主机端子 A
4	Z	总线	接联网器室外主机端子 Z

⑤ 通讯转换模块　接线端子如图 2-30 所示，主要接线端子的功能说明如表 2-7 所示。

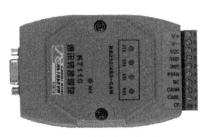

图 2-30　通讯转换模块的接线端子

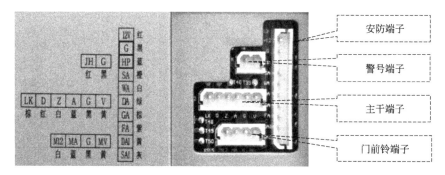

图 2-31　多功能可视室内分机的接线端子

表 2-7　通讯转换模块主要接线端子的功能说明

端子序号	标识	名称	连接关系
1	V+	电源	接管理中心机电源端子 D1/联网器电源端子 D
2	V−	地	接管理中心机电源端子 D2/联网器电源端子 G
3	CANH	CAN 正	接管理中心机通讯端子 CH
4	CAHL	CAN 负	接管理中心机通讯端子 CL
5	RS232	RS232 接口	接管理中心计算机主机的串口 COM1

⑥ 多功能可视室内分机　接线端子如图 2-31 所示，各接线端子的功能说明如表 2-8 所示。

表 2-8　多功能可视室内分机接线端子的功能说明

主干端子

端子序号	标识	名称	连接设备	连接设备端口	连接设备端子号	说明
1	V	视频	层间分配器/门前铃分配器	层间分配器分支端子/门前铃分配器主干端子	1	单元视频/门前铃分配器主干视频
2	G	地			2	地
3	A	音频			3	单元音频/门前铃分配器主干音频
4	Z	总线			4	层间分配器分支总线/门前铃分配器主干总线
5	D	电源	层间分配器	层间分配器分支端子	5	室内分机供电端子
6	LK	开锁	住户门锁		6	对于多门前铃,有多住户门锁,此端子可空置

门前铃端子

端子序号	标识	名称	连接设备	连接设备端口	连接设备端子号	说明
1	MV	视频	门前铃	门前铃分支端子	1	门前铃视频
2	G	地			2	门前铃地
3	MA	音频			3	门前铃音频
4	M12	电源			4	门前铃电源

安防端子

端子序号	标识	名称	连接设备	连接设备端口	连接设备端子号	说明
1	12V	安防电源	室内报警设备	外接报警器、探测器电源	各报警前端设备的相应端子	给报警器、探测器供电 供电电流≤100mA
2	G	地				地
3	HP	求助		求助按钮		紧急求助按钮的常开端子
4	SA	防盗		红外探测器		接与撤布防相关的门、窗磁传感器、防盗探测器的常闭端子
5	WA	窗磁		窗磁		
6	DA	门磁		门磁		
7	GA	燃气探测		燃气泄漏		接与撤布防无关的烟感、燃气探测器的常开端子
8	FA	感烟探测		火警		
9	DAI	立即报警门磁		门磁		接与撤布防相关门磁传感器、红外探测器的常闭端子
10	SAI	立即报警防盗		红外探测器		

警号端子						
端子序号	标识	名称	连接设备	连接设备端口	连接设备端子号	说明
1	JH	警号	警号	警铃电源	外接警铃	电压:DC14.5～DC18.5V
2	G	地				电流≤50mA

⑦ 普通室内分机　接线端子如图2-32所示，各接线端子的功能说明如表2-9所示。

图2-32　普通室内分机的接线端子

表2-9　普通室内分机接线端子的功能说明

端子序号	标识	名称	连接关系
1	D	电源	接层间分配器的室内分机供电端子D
2	Z	总线	接层间分配器的室内分机总线端子Z
3	A	音频	接层间分配器的室内分机音频端子A
4	G	地	接层间分配器的室内分机地端子G

⑧ 磁力锁控制器　接线端子如图2-33所示，各接线端子的功能说明如表2-10所示。

图2-33　磁力锁控制器的接线端子

表2-10　磁力锁控制器接线端子的功能说明

端子序号	标识	名称	连接关系
1	12V	12V	接多功能室内分机安防端子12V
2	GND	地	接多功能室内分机安防端子G
3	PUSH	开锁	接多功能室内分机主干端子LK/房间出门按钮端子NO
4	NC	常闭	接电插锁端子12V
5	NO	常开	—

⑨ 电插锁　接线端子的功能说明如表 2-11 所示。

表 2-11　电插锁接线端子的功能说明

端子序号	标识	名称	连接关系
1	12V	12V	房间电插锁:接电磁锁控制器端子 NC 单元电插锁:接单元出门按钮端子 C
2	GND	地	房间电插锁:接多功能室内分机安防端子 G 单元电插锁:接室外主机地端子 G

⑩ 出门按钮　接线端子的功能说明如表 2-12 所示。

表 2-12　出门按钮接线端子的功能说明

端子序号	标识	名称	连接关系
1	NO	常开	房间出门按钮:接磁力锁控制器端子 PUSH 单元出门按钮:—
2	NC	常闭	房间出门按钮:— 单元出门按钮:接室外主机开锁端子 LKM
3	COM	公共端	房间出门按钮:接多功能室内分机安防端子 G 单元出门按钮:电插锁端子 12V

⑪ 门前铃　接线端子如图 2-34 所示,各接线端子的功能说明如表 2-13 所示。

图 2-34　门前铃的接线端子

表 2-13　门前铃接线端子的功能说明

端子序号	标识	名称	连接关系
1	D	电源	层间分配器的室内分机供电端子 D
2	Z	总线	层间分配器的室内分机总线端子 Z
3	A	音频	层间分配器的室内分机音频端子 A
4	G	地	层间分配器的室内分机地端子 G

（2）室内安防系统设备的端口功能

① 紧急求助按钮　接线端子的功能说明如表 2-14 所示。

表 2-14　紧急求助按钮接线端子的功能说明

端子序号	标识	名称	连接关系
1	NO	常开	接多功能室内分机安防端子 HP
2	COM	公共端	接多功能室内分机安防端子 G

② 警号　接线端子的功能说明如表 2-15 所示。

表 2-15　警号接线端子的功能说明

端子序号	标识	名称	连接关系
1	12V	12V	接多功能室内分机警铃端子 JH
2	G	地	接多功能室内分机警铃端子 G

③ 门磁　接线端子的功能说明如表 2-16 所示。

表 2-16　门磁接线端子的功能说明

端子序号	标识	名称	连接关系
1	NC	常闭	接多功能室内分机安防端子 DA
2	COM	公共端	接多功能室内分机安防端子 G

④ 光电感烟探测器　接线端子的功能说明如表 2-17 所示。

表 2-17　光电感烟探测器接线端子的功能说明

端子序号	标识	名称	连接关系
1	12V	电源正	接多功能室内分机安防端子 12V
2	GND	地	接多功能室内分机安防端子 G
3	NO	常开	接多功能室内分机安防端子 FA
4	COM	公共端	接多功能室内分机安防端子 G
5	NC	常闭	—

⑤ 可燃气体探测器　接线端子的功能说明如表 2-18 所示。

表 2-18　可燃气体探测器接线端子的功能说明

端子序号	标识	名称	连接关系
1	12V	电源正	接多功能室内分机安防端子 12V
2	GND	地	接多功能室内分机安防端子 G
3	NO	常开	接多功能室内分机安防端子 GA
4	COM	公共端	接多功能室内分机安防端子 G
5	NC	常闭	—

⑥ 被动红外空间探测器　接线端子的功能说明如表 2-19 所示。

表 2-19　被动红外空间探测器接线端子的功能说明

端子序号	标识	名称	连接关系
1	＋	电源正	接多功能室内分机安防端子 12V
2	－	地	接多功能室内分机安防端子 G
3	NC	常闭	接多功能室内分机安防端子 SA
4	COM	公共端	接多功能室内分机安防端子 G

⑦ 被动红外幕帘探测器　接线端子的功能说明如表 2-20 所示。

表 2-20　被动红外幕帘探测器接线端子的功能说明

端子序号	标识	名称	连接关系
1	＋	电源正	接多功能室内分机安防端子 12V
2	－	地	接多功能室内分机安防端子 G
3	NC	常闭	接多功能室内分机安防端子 SAI
4	COM	公共端	接多功能室内分机安防端子 G

2. 系统接线图

对讲门禁及室内安防实训系统的接线图如图 2-35 所示。

3. 系统的安装与调试

（1）系统功能

① 设置室外主机地址为×栋×单元。

② 设置分机地址，能够实现室外主机对室内分机的呼叫、对讲及开锁功能。

③ 设置 IC 卡，能够实现刷卡开锁功能。

④ 设置密码，能够实现密码开锁功能。

⑤ 能够实现室内安防的布防及撤防功能。

⑥ 能够实现对讲门禁软件的管理功能。

（2）施工流程　为了强化智能楼宇系统工程能力，本实训在模拟的现场施工环境中，依照从准备到施工的基本施工流程完成实训任务。

① 施工前准备　在此阶段，主要完成以下 2 项任务：

a. 依据前期的系统设计，填写设备及材料清单。

b. 依据清单，领取设备和材料，并检查设备外观。

② 施工　在此阶段，主要完成以下 5 项任务：

a. 依据系统设计和系统接线图，安装与连接设备。

b. 对安装完成的系统设备进行自检。

c. 安装完成后，系统通电检查。

d. 依据功能需求，设置系统设备参数，调试系统功能。

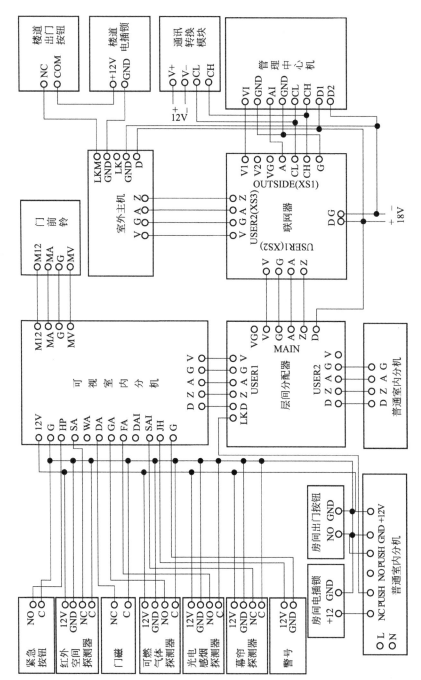

图 2-35 对讲门禁及室内安防实训系统的系统接线图

智能楼宇系统集成实训教程

e. 功能调试完成后，填写调试报告。

（3）系统设备及材料清单 对讲门禁及室内安防系统的设备及材料清单如表2-21和表2-22所示。

表2-21 对讲门禁及室内安防系统的设备清单

序号	名称	型号	数量	备注
1	门前铃	GST-DJ6508	1只	
2	多功能可视室内分机	GST-DJ6825C	1只	
3	普通壁挂室内分机	GST-DJ6209	1部	
4	层间分配器	GST-DJ6315B	1只	
5	欧式数码可视室外主机	GST-DJ6106CI-FB	1只	
6	室外主机安装盒	GST-DJ-ZJYM	1只	
7	联网器	GST-DJ6327B	1只	
8	管理中心机	GST-DJ6406	1台	
9	通讯转换模块	K7110(18V)	1只	
10	家用紧急求助按钮	HO-01B	1只	
11	被动红外空间探测器	DS820iT-CHI	1只	
12	门磁	HO-03	1对	
13	燃气探测器	LH-94(Ⅱ)	1只	
14	感烟探测器	LH-88(Ⅱ)	1只	
15	被动红外幕帘探测器	DC12V	1只	
16	警号	ES-626	1只	
17	电插锁	EC200B	2只	
18	出门按钮	R86KL1-6BⅡ	1只	
19	磁力锁控制器	SW12-3X	1只	

表2-22 对讲门禁及室内安防系统的材料清单

序号	名称	型号	数量	备注
1	电源线			
2	信号线			
3	视频线			
4	PVC线槽			
5	螺钉、螺母			
6	尼龙扎带			

（4）系统设备安装及连接 为了能够正确安装系统设备，应在实训之前，仔细阅读系统设备安装方法。为了能够保证实训安全进行，在实训过程中，要注意安全

操作、安全用电。对讲门禁及室内安防系统主要设备的安装方法如下所述。

① 联网器　联网器的安装位置是在实训装置中智能小区房间的中间网孔板上，安装时使用不锈钢自攻螺钉将其底座固定在网孔板，如图 2-36 所示。

参考系统接线图，连接联网器与其外围设备。连接联网器的内部主板与输出端子的连线要使用专用的排线。联网器与外围设备连接时，音频与视频采用同轴电缆，电源采用 23 芯电源导线，总线采用信号线。

② 层间分配器　层间分配器的安装位置是在实训装置中智能小区房间的中间网孔板上，安装时使用不锈钢自攻螺钉将其底座固定在网孔板。

参考系统接线图，连接层间分配器与其外围设备。层间分配器与外围设备连接时，要使用专用的排线。音频与视频采用同轴电缆，电源采用 23 芯电源导线，总线采用信号线。

③ 管理中心机　管理中心机的安装位置是在实训

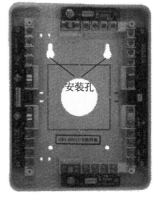

图 2-36　联网器的安装

装置中管理中心房间的左侧网孔板上，安装时使用不锈钢自攻螺钉将其挂在网孔板上。

参考系统接线图，连接管理中心机与其外围设备。管理中心机与外围设备连接时，要使用专用的连接端子。音频与视频采用同轴电缆，电源采用 23 芯电源导线，总线采用信号线。

④ 室外主机　室外主机的安装位置是在实训装置中智能大楼房间的右侧网孔板的外侧（即单元门外侧）。室外主机安装示意如图 2-37 所示。

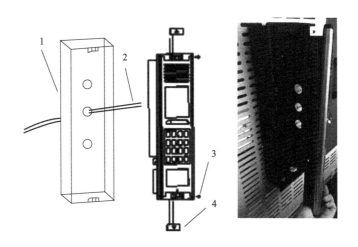

图 2-37　室外主机安装示意

1～4 表示安装顺序

a. 将室外主机安装盒用螺钉固定在网孔板上。

b. 将线缆穿过安装盒连接在端子和排线上，插接在室外主机上。

c. 将室外主机对准并扣在安装盒上，用螺钉固定。

d. 盖上室外主机上、下方的小盖。

参考系统接线图，连接室外主机与联网器。室外主机与联网器连接时，要使用专用的连接端子和专用的排线。音频与视频采用同轴电缆，电源采用23芯电源导线，总线采用信号线。

⑤ 多功能可视室内分机 多功能可视室内分机的安装位置是在实训装置中智能小区房间的右侧网孔板上。多功能可视室内分机安装示意如图2-38所示。

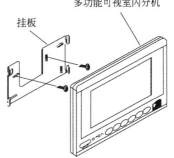

a. 将多功能可视室内分机的挂板用螺钉固定在网孔板上。

b. 将线缆穿过挂板连接在专用的排线上，再插接在多功能可视室内分机上。

c. 将多功能可视室内分机对准并挂在挂板上。

参考系统接线图，连接多功能可视室内分机与层间分配器。多功能可视室内分机与层间分配器连接时，要使用专用的排线。音频与视频采用同轴电缆，电源端口采用23芯电源导线，总线采用信号线。

图 2-38 多功能可视室内分机安装示意

⑥ 普通室内分机 普通室内分机的安装位置是在实训装置中智能小区房间的左侧网孔板上，安装时使用不锈钢自攻螺钉将底座固定在网孔板上。

参考系统接线图，连接普通室内分机与层间分配器。普通室内分机与层间分配器连接时，要使用专用的排线。音频采用同轴电缆，电源采用23芯电源导线，总线采用信号线。

参考系统接线图，完成其他设备的安装与连接。

（5）系统功能调试 完成系统设备安装、连接后，要进行系统功能调试，调试过程就是进行参数设置的过程。

① 管理中心机

a. 自检 正确连接电源、CAN总线和音视频信号线，按住"确认"键上电，进入自检程序。此时，电源指示灯应点亮，液晶屏显示如图2-39所示。按"确认"键，系统进入自检状态，按其他任意键退出自检。如果所有检测都通过，说明此管理机基本功能良好。自检过程中，若在30s内没有按键操作，则自动退出自检状态。

图 2-39 管理中心机自检示意

b. 设置管理中心机地址 系统正常使用前需要设置系统内设备的地址。GST-DJ6000可视对讲系统最多可以支持 9 台管理中心机，地址为 1～9。如果系统中有多台管理中心机，管理中心机应该设置不同地址，地址从 1 开始连续设置，具体设置方法如下：

ⓐ 在待机状态下，按"设置"键，进入系统设置菜单，按"◀"或"▶"键选择"设置地址?"菜单。

ⓑ 按"确认"键，要求输入系统密码。

ⓒ 正确输入系统密码后，按"确认"键进入管理中心机地址设置。

ⓓ 输入需要设置的地址值"1～9"，按"确认"键，管理中心机存储地址，恢复音视频网络连接模式为手拉手模式，设置完成退出地址设置菜单。

在设置地址的过程中，管理中心机显示屏的显示情况如图 2-40 所示。

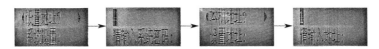

图 2-40　设置管理中心机地址

注意：管理中心机出厂时，默认系统密码为"1234"，地址为 1。

c. 系统联合调试　系统的配置完成后可以进行系统的联合调试。例如，呼叫指定单元的室外主机，具体设置方法为：摘机，输入"楼号＋'确认'＋单元号＋'确认'＋950X＋'呼叫'"，如此操作可与该机进行可视对讲。如能接通音视频，且图像和话音清晰，那么表示系统正常，调试通过。注意："950X"表示呼叫地址为 X 的室外主机。

② 室外主机　给室外主机上电后，若数码管有滚动显示的数字或字母，则说明室外主机工作正常。系统正常使用前，应对室外主机地址、室内分机地址等进行设置。对于联网型的室外主机，还要对联网器地址进行设置。通过按"设置"键，可进入设置模式状态，设置功能模式分为"F1"～"F12"。每按一下"设置"键，设置功能项切换一次。室外主机处于设置状态时，可按"取消"键或延时自动退出到正常工作状态。F1～F12 的设置功能如表 2-23 所示。

表 2-23　室外主机设置功能

功能号	说明	功能号	说明
F1	住户开门密码	F2	设置室内分机地址
F3	设置室外主机地址	F4	设置联网器地址
F5	修改系统密码	F6	修改公用密码
F7	设置锁控时间	F8	注册 IC 卡
F9	删除 IC 卡	F10	恢复 IC 卡
F11	视频及音频设置	F12	设置层间分配器地址范围

a. 设置室外主机地址

ⓐ 按"设置"键，直到数码显示屏显示"F3"。

ⓑ 按"确认"键，显示 ⊏_ _ _ _⊐，正确输入系统密码后显示 ⊏- - - -⊐。

ⓒ 输入室外主机新地址（1～9），然后按"确认"键，即可设置新室外主机的地址。

注意：一个单元只有一台室外主机时，室外主机地址设置为1。如果同一个单元安装多个室外主机，则地址应按照1～9的顺序进行设置。

b. 设置室内分机地址

ⓐ 按"设置"键，直到数码显示屏显示"F2"。

ⓑ 按"确认"键，显示 ⊏_ _ _ _⊐，正确输入系统密码后显示 ⊏5_00⊐，进入室内分机地址设置状态。此时室内分机摘机等待3s后可与室外主机通话，数码显示屏显示室内分机当前的地址。

ⓒ 然后按"设置"键，显示 ⊏_ _ _ _⊐，按数字键，输入室内分机地址，按"确认"键，显示 ⊏LISN⊐，等待室内分机应答。15s内接到应答闪烁显示新的地址码，否则显示 ⊏NrSP⊐，表示室内分机没有响应。2s后，数码显示屏显示 ⊏5_00⊐，可继续进行分机地址设置。

注意：在室内分机地址设置状态下，若不进行按键操作，数码显示屏将始终保持显示 ⊏5_00⊐，不自动退出。连续按下"取消"键，可退出室内分机地址的设置状态。

c. 设置联网器楼号单元号

ⓐ 按"设置"键，直到数码显示屏显示"F4"。

ⓑ 按"确认"键，显示 ⊏_ _ _ _⊐，正确输入系统密码后，先显示 ⊏Addr⊐，再显示联网器当前地址（在未接联网器的情况下一直显示 ⊏Addr⊐）。

ⓒ 然后按"设置"键，显示 ⊏-_ _ _⊐，输入三位楼号。

ⓓ 按"确认"键，显示 ⊏-_ _ _⊐，输入两位单元号。

ⓔ 按"确认"键，显示 ⊏LISN⊐，等待联网器的应答。15s内接到应答，则显示 ⊏SUCC⊐，否则显示 ⊏NrSP⊐，表示联网器没有响应。2s后返回至 ⊏_ _F4⊐ 状态。

注意：在设置楼号时，可以输入字母A、B、C、D，按"呼叫"键输入A、"密码"键输入B、"保安"键输入C、"设置"键输入D。楼号单元号不应设置为：楼号'999'单元号'99'和楼号'999'单元号'88'，这两个号均为系统保留号码。

注意：原始系统密码为"200406"。

③ 多功能可视室内分机

a. 进入调试状态

ⓐ 按下室内分机小键盘上"☎"（"通话"）键，听到一声短音提示后松开，"✉"灯亮、按"✉"（"短信"）键，"✉"灯灭、提示输入超级密码，输入超

级密码后，按"⚿"（"开锁"）键确认。

ⓑ 如输入密码正确，有两声短音提示，进入调试状态；若输入密码错误，有快节奏的声音提示错误，退出当前状态。若此时想进入调试状态，再次按 a. 步骤重新操作。

注意：超级密码为 543215。密码由 1～5 五个数字键构成 [☎（"通话"键）：1，👁（"监视"键）：2，📟（"呼叫中心"键）：3，✉（"短信"键）：4，⊗（"保安"键）：5]。

b. 调试　进入调试状态后，若室内分机被设置为接受呼叫只振铃不显示图像模式，"✉"灯亮。按照下列步骤进行调试。

ⓐ 按"✉"（"短信"）键，设置显示模式。按一次，显示模式改变一次。"✉"灯亮时，室内分机设置为接受呼叫只振铃不显示图像模式；"✉"灯不亮时，室内分机为正常显示模式。

ⓑ 按"👁"（"监视"）键，与一号室外主机可视对讲，按"📟"（"呼叫中心"）键，关闭音视频。

ⓒ 按"☎"（"通话"）键，与一号门前铃可视对讲，按"📟"（"呼叫中心"）键，关闭音视频。

ⓓ 按"⊗"（"保安"）键，恢复出厂撤防密码。

c. 退出调试状态　按"⚿"（"开锁"）键，退出调试状态。

（6）系统的使用

① 管理中心机

a. 系统设置　系统设置采用菜单逐级展开的方式，主要包括密码管理、地址、日期时间、液晶对比度调节、自动监视、矩阵、中英文界面的设置等。在待机状态下，按"设置"键进入系统设置菜单。

ⓐ 菜单选择。菜单的显示操作采用统一的模式，显示屏的第一行显示主菜单名称，第二行显示子菜单名称，按"◀"或"▶"键，在同级菜单间进行切换；按"确认"键选中当前菜单，进入下一级菜单；按"清除"返回上一级菜单。

ⓑ 操作权限。管理中心机设置两级操作权限：系统操作员和普通管理员。系统操作员可以进行所有操作，一台管理中心机只能有一个系统操作员。普通管理员只能进行日常操作，最多可以有 99 个普通管理员。即：一台管理中心机可以设置 1 个系统密码、99 个管理员密码。

ⓒ 添加/删除普通管理员。普通管理员可以由系统操作员进行添加和删除。输入管理员密码时要求输入"管理员号＋'确认'＋密码＋'确认'"。若三次系统密码输入错误，则退出。

注意：系统密码是长度为 4～6 位的任意数字组合，出厂时默认系统密码为"1234"。管理员密码由管理员号和密码两部分构成，管理员号可以是 1～99，密码是长度为 0～6 位的任意数字组合。

b. 正常显示（待机状态）　管理中心机在待机情况下，显示屏上行显示星期和时间、下行显示日期。例如：2020 年 1 月 24 日、星期五、10：47，液晶屏显示如图 2-41 所示。

图 2-41　待机状态

c. 呼叫

ⓐ 呼叫单元住户。在待机状态摘机，输入"楼号＋'确认'＋单元号＋'确认'＋房间号＋'呼叫'"键，呼叫指定房间。其中房间号最多为 4 位，首位的 0 可以省略不输，例如 102 房间，可以输入"102"或"0102"。当房间号为"950X"时，表示呼叫该单元"X"号的室外主机。挂机结束通话，通话时间超过 45s，系统自动挂断。通话过程中有呼叫请求进入，管理机响"叮咚"提示音，闪烁显示呼入号码，用户可以按"通话"键、"确认"键或"清除"键挂断当前的通话，接听新的呼叫。

ⓑ 回呼。管理中心机最多可以存储 32 条被呼记录，在待机状态按"通话"键进入被呼记录查询状态，按"◀"或"▶"键，可以逐条查看记录信息，此过程中按"呼叫"键或者"确认"键回呼当前记录的号码。在查看记录过程中，按数字键，输入"楼号＋'确认'＋单元号＋'确认'＋房间号＋'呼叫'"键，可以直接呼叫指定的房间。

ⓒ 接听呼叫。听到振铃声后，摘机与小区门口、室外主机或室内分机进行通话，其中与小区门口或室外主机通话过程中，按"开锁"键，可以打开相应的门，挂机结束通话。通话过程中有呼叫请求进入，管理机响"叮咚"提示音，闪烁显示呼入号码，用户可以按"通话"键、"确认"键或"清除"键，挂断当前通话，接听新的呼叫。

d. 手动监视、监听。在待机状态下，输入"楼号＋'确认'＋单元号＋'确认'＋门号＋'监视'"进行监视，监视指定单元门口的情况。监视、监听结束后，按"清除"键挂断。监视、监听时间超过 30s 自动挂断。如果输入"楼号＋'确认'＋单元号＋'确认'＋950X＋'监视'"，则可监视、监听相应门口的情况。

e. 开单元门。在待机状态下，按"'开锁'＋管理员号（1）＋'确认'＋管理员密码（123）"＋楼号＋'确认'＋单元号＋9501＋'确认'或"'开锁'＋系统密码＋'确认'＋楼号＋'确认'＋单元号＋9501＋'确认'"，均可打开指定的单元门。

f. 报警提示。在待机状态下，室外主机或室内分机若采集到传感器的异常信号，广播发送报警信息。管理中心机接到该报警信号，立即显示报警信息。报警显示时显示屏上行显示报警序号和报警种类，序号按照报警发生时间的先后排序，即

1号警情为最晚发生的报警，下行循环显示报警的房间号和警情发生的时间。当有多个警情发生时，各个报警轮流显示，每个报警显示大约5s。报警显示的同时伴有声音提示。在报警过程中，按任意键取消声音提示，按"◀"或"▶"键可手动浏览报警信息。

g. 故障提示。在待机状态下，室外主机或室内分机发生故障，通讯控制器广播发送故障信息，管理中心机接到该故障信号，立即显示故障提示的信息。此时显示屏上行显示故障的序号和故障类型，序号按照故障发生时间的先后排序，即1号故障为最晚发生的故障，下行循环显示故障模块的楼号、单元号、房间号和故障发生的时间。当有多个故障发生时，各个故障轮流显示，每个故障显示大约5s。故障显示的同时伴有声音提示。在故障显示过程中，按任意键取消声音提示。

h. 历史记录查询。历史记录查询和系统设置类似，也是采用菜单逐级展开的方式，包括报警记录、开门记录、巡更记录、运行记录、故障记录、呼入记录和呼出记录等子菜单。在待机状态下，按"查询"键可进入历史记录查询菜单，可以查询报警记录、开门记录、巡更记录、运行记录、故障记录、呼入记录、呼出记录等。

② 室外主机

a. 室外主机呼叫室内分机　输入"门牌号"＋"呼叫"键或"确认"键或等待4s，可呼叫室内分机。通话期间，室外主机会显示剩余的通话时间。

b. 室外主机呼叫管理中心　按"保安"键，数码显示屏显示 $\boxed{CALL}$ ，等待管理中心机应答，接收到管理中心机的应答后显示 $\boxed{CHAT}$ ，此时管理中心机已经接通，双方可以进行通话。

c. 住户开锁密码设置

ⓐ 按"设置"键，直到数码显示屏显示"F1"。

ⓑ 按"确认"键，显示 $\boxed{----}$ ，输入门牌号，按"确认"键，显示 $\boxed{----}$ 。

ⓒ 输入系统密码或原始开锁密码（无原始开锁密码时只能输入系统密码），按"确认"键。

ⓓ 正确输入系统密码或原始开锁密码后，显示 $\boxed{P1}$ ，按任意键或2s后，显示 $\boxed{----}$ ，输入新密码。

ⓔ 按"确认"键，显示 $\boxed{P2}$ ，按任意键或2s后显示 $\boxed{----}$ ，再次输入新密码，按"确认"键。

ⓕ 如果两次输入的密码相同，保存新密码，并且显示 $\boxed{SUCC}$ ，开锁密码设置成功，2s后显示"F1"；若两次新密码输入不一致显示 $\boxed{ERR}$ ，并返回至"F1"状态。若系统密码或原始开锁密码输入不正确显示 $\boxed{ERR}$ ，并返回至"F1"状态，可重新执行上述操作。

注意：系统正常运行时，同一单元若存在多个室外主机，只需在一台室外主机上设置用户密码。门牌号由 4 位组成，用户可以输入 1～8999 之间的任意数。开锁密码长度可以为 1～4 位。每个住户只能设置一个开锁密码。用户密码初始为无。

d. 公用开门密码修改

ⓐ 按"设置"键，直到数码显示屏显示"F6"。

ⓑ 按"确认"键，显示 $\boxed{\text{----}}$，正确输入系统密码后显示 $\boxed{P1}$，按任意键或 2s 后显示 $\boxed{\text{----}}$，输入新的公用密码。

ⓒ 按"确认"键，显示 $\boxed{P2}$，按任意键或 2s 后显示 $\boxed{\text{----}}$，再次输入新密码，按"确认"键。

ⓓ 如果两次输入的新密码相同，则显示 $\boxed{SUCC}$，表示公用密码已成功修改；若两次输入的新密码不同显示 $\boxed{Err}$，表示密码修改失败，退出设置状态，返回至"F6"状态。

e. 系统密码修改

ⓐ 按"设置"键，直到数码显示屏显示"F5"。

ⓑ 按"确认"键，显示 $\boxed{\text{----}}$，正确输入系统密码后显示 $\boxed{P1}$，按任意键或 2s 后显示 $\boxed{\text{----}}$，然后输入新密码。

ⓒ 按"确认"键，显示 $\boxed{P2}$，按任意键或 2s 后显示 $\boxed{\text{----}}$，再次输入新密码，按"确认"键。

ⓓ 如果两次输入的新密码相同，显示 $\boxed{SUCC}$，表示系统密码已成功修改；若两次输入的新密码不同显示 $\boxed{Err}$，表示密码修改失败，退出设置状态，返回至"F5"状态。

注意：原始系统密码为"200406"，系统密码长度可为 1～6 位，输入系统密码多于 6 位时，取前 6 位有效，更改系统密码时，不要将系统密码更改为"123456"，以免与公用密码发生混淆。在通讯正常的情况下，在室外主机上可设置系统的密码，只需设置一次。

f. 注册 IC 卡

ⓐ 按"设置"键，直到数码显示屏显示"F8"。

ⓑ 按"确认"键，显示 $\boxed{\text{----}}$，正确输入系统密码后显示"F01"，按"设置"键，可以在"F01"～"F04"间进行选择，具体说明如下：

• "F01"：注册的卡在小区门口和单元内有效。输入房间号＋"确认"键＋卡的序号（即卡的编号，允许范围 1～99）＋"确认"键，显示 $\boxed{YES}$ 后，刷卡注册。

• "F02"：注册巡更时开门的卡。输入卡的序号（即巡更人员编号，允许范围 1～99）＋"确认"键，显示 $\boxed{YES}$ 后，刷卡注册。

• "F03"：注册巡更时不开门的卡。输入卡的序号（即巡更人员编号，允许范围 1～99）＋"确认"键，显示 $\boxed{YES}$ 后，刷卡注册。

●"F04"：管理员卡注册。输入卡的序号（即管理人员编号，允许范围 1～99）＋"确认"键，显示 $\boxed{\text{ｔE６}}$ 后，刷卡注册。

注意：注册卡成功提示"嘀嘀"两声，注册卡失败提示"嘀嘀嘀"三声；当超过 15s 没有卡注册时，自动退出卡注册状态。

g. 删除 IC 卡

ⓐ 按"设置"键，直到数码显示屏显示"F9"。

ⓑ 按"确认"键，显示 $\boxed{\text{----}}$，正确输入系统密码后显示"F01"，按"设置"键，可以在"F01"～"F04"间进行选择，具体说明如下：

●"F01"：进行刷卡删除。按"确认"键，显示 $\boxed{\text{CArd}}$，进入刷卡删除状态，进行刷卡删除。

●"F02"：删除指定用户的指定卡，输入房间号＋"确认"键＋卡的序号＋"确认"键，显示 $\boxed{\text{dEL}}$，删除成功提示"嘀嘀"两声，然后返回 $\boxed{\text{Fｎ2}}$ 状态。

－删除指定巡更卡：进入"F02"，输入"9968"＋"确认"键＋卡的序号＋"确认"键，显示 $\boxed{\text{dEL}}$，删除成功提示"嘀嘀"两声，然后返回"F02"状态。

－删除指定巡更开门卡：进入"F02"，输入"9969"＋"确认"键＋卡的序号＋"确认"键，显示 $\boxed{\text{dEL}}$，删除成功提示"嘀嘀"两声，然后返回"F02"状态。

－删除指定管理员卡：进入"F02"，输入"9966"＋"确认"键＋卡的序号＋"确认"键，显示 $\boxed{\text{dEL}}$，删除成功提示"嘀嘀"两声，然后返回"F02"状态。

●"F03"：删除某户所有卡片，输入房间号＋"确认"键，显示 $\boxed{\text{dEL}}$，删除成功提示"嘀嘀"两声，然后返回"F03"状态。

－删除所有巡更卡：进入"F03"，输入"9968"＋"确认"键，显示 $\boxed{\text{dEL}}$，删除成功提示"嘀嘀"两声，然后返回"F03"状态。

－删除所有巡更开门卡：进入"F03"，输入"9969"＋"确认"键，显示 $\boxed{\text{dEL}}$，删除成功提示"嘀嘀"两声，然后返回"F03"状态。

－删除所有管理员卡：进入"F03"，输入"9966"＋"确认"键，显示 $\boxed{\text{dEL}}$，删除成功提示"嘀嘀"两声，然后返回"F03"状态。

●"F04"：删除本单元所有卡片。按"确认"键，显示 $\boxed{\text{----}}$，正确输入系统密码后，按"确认"键显示 $\boxed{\text{dEL}}$，删除成功提示急促的"嘀嘀"声 2s，然后返回"F04"状态。

h. 住户密码开门　输入"门牌号"＋"密码"键＋"开锁密码"＋"确认"键。门打开时，数码显示屏显示 $\boxed{\text{OPEｎ}}$ 并有声音提示。

i. 胁迫密码开门　如果住户密码开门时输入的密码末位数加 1（如果末位为 9，加 1 后为 0，不进位），则作为胁迫密码处理，门被打开的同时向管理中心发出胁迫报警。

j. 公用密码开门　按"密码"键＋"公用密码"＋"确认"键。系统默认的公用密码为"123456"。

k. 恢复系统密码　按住"8"键后，给室外主机重新加电，直至显示 $\boxed{5UCC}$，表明系统密码已恢复成功。

l. 恢复出厂设置　按住"设置"键后，给室外主机重新加电，直至显示 $\boxed{bU5Y}$，松开按键，等待显示消失，表示恢复出厂设置。出厂设置的恢复，包括恢复系统密码、删除用户开门密码、恢复室外主机的默认地址（默认地址为1）等，应慎用。

m. 防拆报警功能　当室外主机在通电期间被非正常拆卸时，会向管理中心机报防拆报警。

③ 多功能可视室内分机

a. 呼叫、通话及开锁　在室外主机、门前铃、小区门口机或管理中心机呼叫室内分机时，室内分机振铃，按"☎"（"通话"）键可与室外主机、门前铃、小区门口机或管理中心机通话。室外主机、门前铃呼叫室内分机，室内分机响振铃或通话时按"🔑"（"开锁"）键可打开对应的电锁。室内分机响振铃期间，按室内分机"🔑"（"开锁"）键，室内分机停止响铃，按"☎"（"通话"）键可正常通话。通话过程中再按"☎"（"通话"）键，结束通话。室内分机接受呼叫时可显示来访者图像。

b. 监视　按"👁"（"监视"）键，显示本单元室外主机的图像。15s内按"👁"（"监视"）键，室内分机会监视下一室外主机图像。若室内分机带有门前铃，按下"👁"（"监视"）键3s听到一声短提示音后松开，监视门前铃图像，如接有多门前铃，再按一下"👁"（"监视"）键可依次监视各个门前铃的图像。15s内按"👁"（"监视"）键，室内分机会监视下一个门前铃图像。监视过程中按"☎"（"通话"）键，可与被监视的设备通话。

c. 呼叫室外主机　按下"🔑"（"开锁"）键3s听到一声短提示音后松开，室内分机呼叫室外主机。

d. 呼叫管理中心　按下"📞"（"呼叫中心"）键，呼叫管理中心机。管理中心机响铃并显示室内分机的号码，管理中心摘机可与室内分机通话，通话完毕，按"☎"（"通话"）键挂机。若通话时间到，管理中心机和室内分机自动挂机。

e. 户户对讲　通过管理中心转接。首先呼叫管理中心，告诉值班人员你要呼叫的楼号、单元号及室内分机号，值班人员再呼叫对方，对方摘机后即可与对方通话。

f. 撤布防操作

● 布防。在系统撤防的状态下，按下"⊗"（"保安"）键2s进入预布防状态，"⊗"灯慢闪（亮少灭多），延时60s进入布防状态，"⊗"灯亮。布防状态，响应所有外接探测器报警。注意：分机进入预布防状态后，请尽快离开红外报警探测区并关好门窗。

- 撤防。在布防状态下，按"⊗"（"保安"）键 2s 听到提示音松开，进入撤防状态，"⊗"灯快闪（亮多灭少），输入撤防密码。按"🗝"（"开锁"）键若正确听到一声长音提示退出当前布防状态；若错误就会响起快节奏的声音提示错误，三次输入撤防密码错误，向管理中心传防拆报警，并本地报警提示。在预布防状态下，可以直接按"⊗"（"保安"）键撤防。

- 更改撤防密码。长按"☎"（"通话"）键进入设置状态，短信灯闪烁，按"⊗"（"保安"）键进入撤防密码修改状态，此时求助灯闪烁（亮多灭少）；输入原密码按"🗝"（"开锁"）键，若密码正确，听到两声短音提示，可输入新密码，按"🗝"（"开锁"）键听到两声短音提示再次输入新密码，若两次输入的新密码一致，按"🗝"（"开锁"）键听到一声长音提示密码修改成功，启用新的撤防密码。若两次输入的新密码不一致，按"🗝"（"开锁"）键听到快节奏的声音提示错误，密码为原密码。在进入设置状态后，长按"🗝"（"开锁"）退出设置状态。

注意：请牢记密码，以备撤防时使用；密码由"1"～"5"五个数字键构成，密码可以是0～6位。出厂默认没有密码（☎：1，👁：2，🔒：3，✉：4，⊗：5）。

g. 紧急求助功能　按下室内分机连接的紧急求助按钮，求助信号可上传到管理中心机，管理中心机显示紧急求助的室内分机号并声音提示，布防灯闪亮 2min（不带报警的长亮 2min）。

h. 报警　室内分机具有报警接口，支持火灾探测器、红外探测器、门磁、窗磁和燃气泄漏探测器的报警。当检测到报警信号时，分机向管理中心报相应警情，相应指示灯点亮 3min，响报警音 3min。红外探测器、窗磁、门磁，只有在布防状态才起作用。室内分机有两个红外探测器接口和两个门磁探测器接口，一个为立即报警接口，一个为延时报警接口。连接立即报警接口的探测器如果收到报警信号，分机立即报警。接在延时报警接口的探测器，如果收到报警信号，室内分机将先预警 45s，然后报警；若预警期间给分机撤防，分机将不报警。室内分机的窗磁探测器接口、火灾探测器接口、燃气泄漏探测器接口均为立即报警接口。当检测到报警时，求助指示灯会闪亮。

④ 普通室内分机

a. 呼叫及通话　在室外主机或管理中心机或同户室内分机呼叫室内分机时，室内分机振铃（免打扰状态下不振铃，仅指示灯闪亮），一台室内分机摘机可与室外主机或管理中心机或同户室内分机通话，同户的其他室内分机停止振铃，摘挂机无响应。室内分机振铃或通话时，按"开锁"键可打开对应单元门的电锁，室内分机振铃时按下"开锁"键，室内分机停止振铃，摘机可正常通话。室内分机振铃时间为 45s，通话时间为 45s。

b. 呼叫室外主机　室内分机待机状态下，摘机 3s 后，自动呼叫地址为 9501 的室外主机，可与室外主机对讲，通话时间为 45s。

c. 呼叫管理中心　摘机后，按"保安"键，则呼叫管理中心机。

d. 地址初始化　按住"保安"键后，给室内分机重新上电，听到提示音后，按住"开锁"键 3s，当听到提示音后松开"开锁"键，室内分机地址便恢复为默认地址 101。

注意：对 GST-DJ6209 室内分机，设置过程中必须是处于挂机状态，才会有声音提示。

⑤ 门前铃

a. 呼叫、通话　按门前铃的呼叫键呼叫室内分机，室内分机振铃，室内分机可显示来访者的图像。摘机后，双方可进行通话，通话限时 45s。

b. 配合室内分机监视门外图像（仅 GST-DJ6506/06C 具备该功能）　在摘机状态下，按室内分机的"监视"键，通过门前铃可监视门外图像，监视限时 45s。

4. 可视对讲管理软件（上位机软件）的安装与使用

（1）安装可视对讲管理软件　将可视对讲管理软件的安装光盘放入光驱，运行其中的安装文件（SETUP.exe），并按提示完成安装，如图 2-42 所示。

（2）连接通讯电缆　将专用通讯电缆的一端接"K7110 通讯转换模块"，另一端接计算机的串口"COM1"。

（3）给实训台上电　在门禁系统安装调试完成后，给系统供电。

（4）可视对讲管理软件的使用

① 启动可视对讲应用系统软件双击桌面"可视对讲应用系统"程序的图标，打开"可视对讲应用系统"应用

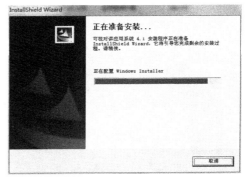

图 2-42　安装可视对讲管理软件

软件。在软件系统运行后，首先显示"启动界面"，然后显示"系统登录界面"，如图 2-43 所示。首次登录的用户名和密码均为系统默认值（用户名：1，密码：1），以系统管理员身份登录。

图 2-43　系统登录界面

登录后，首先进入值班员的设置界面，如图 2-44 所示，添加、删除用户及更改密码，并保存到数据库中。下一次登录，就可以按照设定的用户登录。该系统可以设置 3 个级别的用户，即系统管理员、一般管理员和一般操作员。系统管理员能够操作软件的所有功能，用于系统安装调试。一般管理员除了系统设置部分的功能不能使用外，大部分的功能都能使用。一般操作员不可以操作用户管理和系统设置。

用户登录成功后，启动"系统主界面"，如图 2-44 所示。主界面分为电子地图监控区和信息显示区。电子地图监控区包括楼盘添加、配置、保存。显示区包括当前报警信息、最新监控信息和当前信息列表。监控信息的内容包括监控信息的位置描述和信息产生的时间以及信息的确认状态。监控信息表包括的内容有报警信息、巡更信息、对讲信息、开门信息、消息列表和其他信息。用户登录系统后，登录的用户就是值班人。

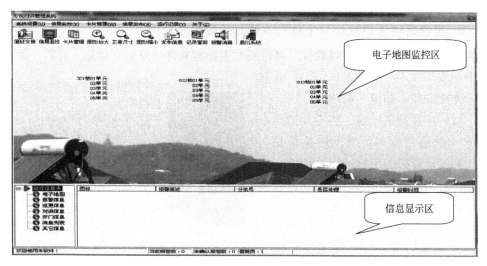

图 2-44　系统主界面

② 值班员管理　当该系统首次运行时，系统登录默认以系统管理员身份登录；登录成功后，通过主菜单的"系统设置＼值班员设置"功能，可以进行值班员管理操作，如添加值班员、删除值班员、更改值班员的密码以及查看值班员的级别。值班员管理的操作界面如图 2-45 所示。

a. 添加值班员　点击值班员管理界面的"添加"按钮，将打开"添加值班员界面"，如图 2-46 所示，输入用户名、密码及选择级别权限，确认即可。用户名长度最多为 20 个字符或 10 个汉字，密码长度最多为 10 个字符。权限分为 3 级，分别是系统管理员、一般管理员和一般操作员。系统管理员具有对软件操作的所有权限；一般管理员除了通信设置、矩阵设置外，其他功能均可操作；一般操作员不能进行系统设置、卡片管理和信息发布等操作。

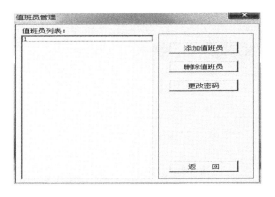

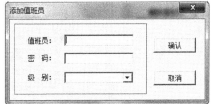

图 2-45　值班员管理界面　　　　　　　　　图 2-46　添加值班员界面

b. 删除值班员　从图 2-45 的值班员列表中选择要删除的值班员，点击值班员管理界面的"删除"按钮，确认即可，但不能删除当前登录的用户及最后一名系统管理员。

c. 更改密码　从图 2-45 的值班员列表中选中要更改密码的值班员，点击"更改密码"按钮，打开"更改密码界面"，如图 2-47 所示；输入原密码及新密码，新密码要输入两次确认。密码的合法字符有：0～9，a～z。

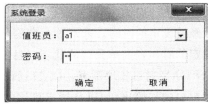

图 2-47　更改密码界面　　　　　　　　　图 2-48　系统登录界面

d. 查看值班员的级别　选中的值班员会在值班员管理界面的标题上显示该值班员的级别和名称。

③ 用户登录　用户登录有以下两种情况：

a. 启动登录　启动该系统时，要进行身份确认，需要输入用户信息登录系统。

b. 值班员交接　系统已经运行，由于操作人员的更换或一般操作员的权力不足需要更换为系统管理员，则需要重新登录。点击"值班员交接"快捷键，可打开"系统登录界面"，如图 2-48 所示，这样就不需要重新启动系统登录，避免造成数据丢失和操作不方便。

④ 通讯设置　要实现数据接收（如报警、巡更、对讲、开门等信息的监控）和发送（如卡片的下载等），就必须正确配置通讯参数（如 CAN/RS232 通讯模块、配置参数和发卡器等配置参数）。点击"系统设置"菜单下的"通讯设置"功能，

打开"通讯设置界面",如图 2-49 所示。

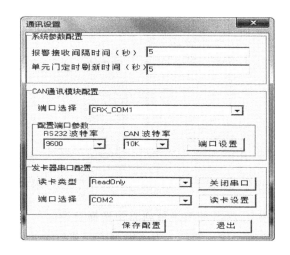

图 2-49　通讯设置界面

通讯设置的功能可实现系统参数配置、CAN 通讯模块配置和发卡器串口配置。

● 系统参数配置:系统参数配置可实现"报警接收间隔时间"和"单元门定时刷新时间"的设置。"报警接收间隔时间"是指当有同一个报警连续发生时,系统软件经过设定的时间,才对该报警信息再次处理;"单元门定时刷新时间"是指经过设定的时间查询单元门的状态(目前硬件未支持该功能)。

● CAN 通讯模块配置:CAN 通讯模块的配置可实现计算机串口的选择、对计算机串口的初始化和 CAN 通讯模块的配置(CAN 的 RS232 的设置和 CAN 的波特率配置)。选择输入要设置的串口和 CAN 端口的波特率,点击"端口设置"按钮,完成 CAN 通讯模块的参数配置。

● 发卡器串口配置:发卡器的配置可实现发卡器的读卡类型、发卡器端口选择的设置。发卡器波特率默认为 9600bps;读卡类型有 ReadOnly 和 Mifare _ 1 类型,ReadOnly 代表只读感应式 ID 卡,Mifare _ 1 代表可擦写感应式 IC 卡;端口包括COM1、COM2。

注意:当完成 CAN 通讯模块配置的信息设置时,系统还是原来的配置参数,要使用新的配置信息,必须给 CAN 通讯模块断电后再上电,这样才能使新的配置生效;发卡器和 CAN 通讯模块应分别用不同的串口,如果设置为同一个串口,将会出现串口占用冲突的问题,此时应关闭读卡器占用的串口,重新设置或正确设置CAN 通讯模块的串口;当发卡器设置新的读卡类型时,应重新选择类型和端口的再设置。

⑤ 楼盘配置　楼盘配置主要用于批量添加楼号、单元及房间的节点,在监控

界面形成电子地图。在监控界面，点击鼠标右键，选择快捷菜单中的"批量添加节点"，打开"批量添加节点界面"，如图 2-50 所示。

根据需要填入相应的对象数、起始编号及位数，确定后将产生所需要的楼号、单元号、楼层及房间。对象数是指每级对象产生的数目，比如第一级（楼）：对象数为 3、起始编号为 5、位数为 3，则产生的楼号为 005、006、007，其他同理。如果选中复选框"同层所有单元顺序排号"，则产生的房间号在同一栋楼里不同单元同一层是按顺序排号的。

产生的楼号在电子地图是放置在左上角，单击鼠标右键，选择快捷菜单中的"楼盘配置选项"，此时可以移动楼号的位置，把楼号移到适当的位置。单击鼠标右键，选择快捷菜单中的"保存楼盘配置"，即可保存楼号的位置并自动退出楼盘配置。

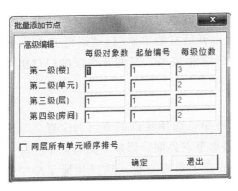

图 2-50　批量添加节点界面

图 2-51　背景设置界面

⑥ 背景图设置　单击"系统设置"菜单下的"背景图设置"，打开"背景设置界面"，如图 2-51 所示。通过该界面，可以选择监控背景图。该背景图可由其他绘图软件绘制，可以是 bmp、jpeg、jpg、wmf 等格式，分辨率大小应至少 800×600 像素。

⑦ 卡片管理　系统配置完成后，可进行卡片管理，如注册卡片、了解卡片信息、卡片分配、撤销分配、下载卡片等。点击主菜单或快捷栏中的"卡片管理"，进入"卡片管理界面"，如图 2-52 所示。

在卡片管理界面中，可以了解卡片的信息。卡片的信息包括卡号（序号）、卡内码、是否分配、是否挂失、分配房间号及时间等。

●"卡号"（序号）：卡片注册时的编号。

●"卡内码"：卡片具有的内在固有的编码。

●"是否分配"：表示卡片是否分配给用户，"True"表示该卡片已分配，"False"表示该卡片还未分配，卡片分配后其背景色不再为绿色。

图 2-52　卡片管理界面

● "是否挂失"：表示该卡片是否挂失，"True"表示该卡片已挂失，"False"表示该卡片没有挂失，卡片挂失后其背景色为红色。

● "房间号"：表示该卡片分配给的用户，如"001-01-0101""管理员""临时人员""巡更-9969""巡更-9968""小区门口机-9801"，其中："001-01-0101"只能开本单元的门，"管理员"可以开所有的单元门，"临时人员"只能开其分配所在的单元门，"巡更-9969"除具有巡更功能外，还可以开所有的单元门；"巡更-9968"只具有巡更功能，不能开任何的单元门；"小区门口机-9801"只能开小区的门口机单元门，没有分配则为空。

● "时间"：表示卡片注册时间。

a. 添加节点　在卡片管理界面的左侧窗格中，选择要添加节点的位置，单击右键，选择快捷菜单中的"添加节点"进入添加节点界面。添加节点有以下三种：

第一种是在小区分布图、楼号、单元号节点上单击右键，选择快捷菜单中的"添加节点"，打开"批量添加节点界面"，该界面和楼盘配置是一样的，如图 2-50 所示，具体操作参见⑤楼盘配置。

第二种是在房间号、开门巡更卡、独立巡更卡、管理员、临时人员节点上单击右键，选择快捷菜单中的"添加节点"，打开"输入节点名界面"，如图 2-53 所示。通过该界面可以添加住户、管理人员、临时人员及巡更人员；注意人员名称不允许相同。

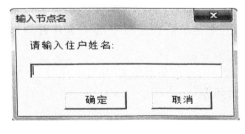

图 2-53　输入节点名界面　　　　　　　图 2-54　输入节点名界面

第三种是在小区门口机节点上单击右键，选择快捷菜单中的"添加节点"，打开"输入节点名界面",如图 2-54 所示。在输入框内输入小区门口机编号,小区门口机的编号只能是 9801～9809,如:9801 表示 1 号小区门口机,对应地址为 1 的小区门口机。

　　b. 注册卡片　在卡片管理界面的左侧窗格中,单击右键,选择快捷菜单中的"注册卡片",打开"注册卡片界面",如图 2-55 所示。

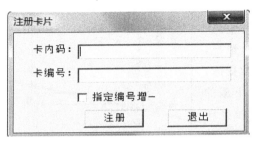

图 2-55　注册卡片界面

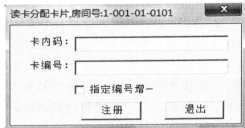

图 2-56　读卡分配界面

　　注册卡片的功能是读取卡片,并把读取的卡片保存到卡片信息库中,同时对读取的卡片分配一个序号,以便供给住户或巡更、管理人员分配卡片时使用。目前,系统支持对两种卡片的读取:Mifare One 感应卡和只读 ID 感应卡。用户刷卡后,系统会自动注册卡片,自动分配一个卡片编号(编号不能重复),并把卡片信息写入数据库;此外,也可以手动输入信息,并保存到数据库。如果该卡片已注册,则箭头指向该卡片所在的位置。

　　如果选中界面中的复选框"指定编号增一",用户可以输入一个指定卡的起始编号。当注册下一张卡片时,系统会根据"指定的编号"自动增一。如果没有选中复选框"指定编号增一",则系统会自动分配数据库中没有的编号。

　　c. 读卡分配　读卡分配是注册卡片的同时把卡片分配给用户。在卡片管理界面的左边栏选择住户、巡更人员、管理人员、临时人员。单击右键,选择快捷菜单中的"读卡分配",打开"读卡分配界面",如图 2-56 所示。用户可以通过刷卡或手动输入卡内码,点击"注册"按钮后,系统会分配一个编号,也可指定编号,同时将该卡片分配给选定人员。

　　d. 卡片分配　每一人员只能拥有一张卡片,每一张卡片也只能分配给一位人员;把已注册但未分配的卡片拖放到左边栏的人员节点上,即可为该人员分配卡片。

　　e. 撤销分配　撤销分配是撤销人员的卡片分配,可以是一个个撤销,也可以为成批撤销。成批撤销是在人员的上一级节点进行撤销分配,就会把该节点下的人员卡片撤销;撤销分配时,系统会提示该卡片是否从控制器中删除。

　　f. 下载卡片　下载卡片的功能是把已经分配的卡片下载到控制器中,下载时系统会自动地按照卡片内码排序后再下载。下载时,可根据选择的节点确定下载的卡片，例如：如果选择一个人员的卡片，则只下载当前卡片；如果选择一个房间，则下载一个房间的卡片，依此类推，可以到一个单元下载单元的全部卡片；下载单元全部卡片时，系统将先删除单元控制器的所有卡片，然后将上位机分配的所有卡片下载到单元的控制器中。

下载临时卡片时必须选择要下载到的楼号-单元号；只对下载到的单元刷卡有效，如图 2-57 所示。

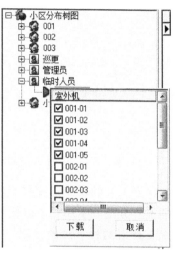

g. 读取卡片　从单元控制器中读取卡片信息，根据卡片信息，比较下位机与上位机卡片情况，对于上位机不存在的卡片记录，自动写入数据库；对于下位机不存在的或卡片的编号和卡片下载的位置不一致的卡片，系统将进行合并；在读完卡片后，用户可以选择对当前单元控制器进行卡片下载，以达到上位机与下位机卡片相一致。

h. 节点更名　节点更名是更改节点的名称，可以更改楼号、单元号、房间号、人员名称。更改楼号、单元号及房间号时要慎重，更改完后，要重新下载卡片；不能更改巡更、开门巡更卡、独立巡更卡、管理员、临时人员、小区门口机节点的名称，其节点下的人员节点名称可以更改，

图 2-57　下载临时卡片界面

更改后需要刷新显示。

i. 删除节点　删除节点是删除选中节点的配置信息，但不能把已经下载的卡片从控制器中删除，只是删除该节点；如果要删除该节点，最好先撤销其卡片分配，然后再执行删除节点。

j. 卡片挂失　卡片挂失是挂失选中节点的配置信息，并把已经分配的卡片从单元控制器中删除；同时使卡片信息显示呈红色。

k. 撤销挂失　撤销挂失是恢复挂失的卡片信息，并重新下载卡片信息。

l. 刷新显示　刷新显示是重新载入数据信息。

m. 删除卡片　删除卡片是删除已注册但还未分配的卡片；选中未分配的卡片，在键盘上按"Delete"键，经确认后即可删除该卡片。对于已分配的卡片不能随便删除，若要删除，必须先撤销分配；如操作原因一定要删除卡片，可采用组合键（Ctrl＋Delete）方式删除。

⑧ 信息监控　可视对讲软件启动后，点击主菜单/快捷栏中的"信息监控"，就可以监控可视对讲的报警、巡更和开门等信息，信息监控界面参见图 2-44。

a. 报警信息　报警信息主要包括防拆报警、胁迫报警、门磁报警、红外报警、燃气报警、烟感报警及求助报警。

报警发生时在电子地图相应的楼号和单元显示交替的红色，如果外接有喇叭，则发出相应的报警声；同时在监控信息栏显示报警的图标、报警描述、分机号、是否处理及报警时间；同一个报警信息再次出现时，只更新报警的时间，同一个报警时间的间隔在通讯设置里设定。报警处理后，点击图标前的方框即可复位报警，关闭声音。报警描述的内容有楼号、单元号、室外机或房间号（室内机）及报警类型，样式如下所述。

防拆报警：009-03-室外机-防拆报警；表示 9 号楼 3 单元室外机被拆卸发出的报警。

胁迫报警：009-03-室外机-胁迫报警（0301）；表示 9 号楼 3 单元 301 房间的住户被胁迫。

门磁报警：009-03-0101（室内机)-门磁报警；表示 9 号楼 3 单元 101 室门磁感应器发出的报警。

红外报警：009-03-0101（室内机)-红外报警；表示 9 号楼 3 单元 101 室红外探测器发出的报警。

燃气报警：009-03-0101（室内机)-燃气报警；表示 9 号楼 3 单元 101 室燃气传感器发出的报警。

烟感报警：009-03-0101（室内机)-烟感报警；表示 9 号楼 3 单元 101 室烟雾传感器发出的报警。

求助报警：009-03-0101（室内机)-求助报警；表示 9 号楼 3 单元 101 室用户按求助按钮发出的报警。

报警消音：点击快捷栏上的"报警消音"按钮，将关闭报警的声音，但不复位报警。

清除记录：当信息栏上的记录越来越多时，单击鼠标右键，选择"清除记录"，即可把该栏下的信息清空，而不会删除数据库的记录。

b. 对讲信息　对讲信息是当发生对讲业务时显示的信息，包括图标、发起方、响应方、对讲类型、发生时间；发起方和响应方的内容包括室外机、室内机、管理机、小区门口机。格式样式如下所述。

室外机：003-01-室外机（01），01 表示分机号。

室内机：003-01- 0103（室内机）。

管理机：管理中心机（08）。

小区门口机：01 号小区门口机（01）。

对讲类型包括：对讲呼叫、对讲等待、对讲通话、对讲挂机。

c. 开门信息　开门信息是管理中心机开门、用户刷卡开门、用户密码开门、室内机开门的信息，包括图标、房间号、分机号、开门类型、开门时间。

房间号是指被开门的设备：小区门口机、室外机。

分机号是指被开门的设备的分机号。

开门类型是指开门的方式：用户卡开门、用户卡开门（巡更-01）、管理中心开门、分机开门、用户密码开门、公用密码开门、胁迫密码开门。

⑨ 运行记录　点击主菜单的"运行记录"，可进入运行记录界面，如图 2-58 所示。运行记录包含了系统运行时的各种信息，主要包括报警、巡更、开门、对讲、消息、故障。这些信息都存在数据库中，用户可以进行查询、数据导出及打印等操作。

图 2-58　运行记录界面

a. 运行记录查询　当用户要查找所需信息时，点击快捷栏中的"记录查询"，启动查询界面，如图 2-59 所示。

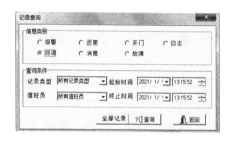

图 2-59　记录查询界面　　　　　图 2-60　数据备份界面

查询信息可以按照信息类别分类，即分为报警、巡更、开门、日志、对讲、消息和故障信息。用户可以根据要求输入查询条件：记录类型、值班员、记录的起始时间和终止时间。其中每种信息类型对应于不同的数据类型，数据类型的分类如下所述。

● 报警信息的数据类型：门磁报警，红外报警，燃气报警，烟感报警，胁迫报警，防拆报警，求助报警。

● 巡更信息的数据类型：巡更路线、巡更开门、巡更人。

● 开门信息的数据类型：用户密码开门，用户卡开门，分机开门，胁迫密码开门，管理中心开门，公用密码开门。

● 日志类型：启动系统、关闭系统、值班员交接、值班员等。

- 对讲类型：对讲呼叫、对讲等待、对讲通话、对讲挂机。
- 消息的数据类型：已读、未读。
- 故障信息的数据类型：模块通讯故障，自检故障，控制器短路。

全部记录：点击"全部记录"则显示所有记录信息。

b. 数据备份　在"运行记录"界面中，点击快捷栏中的"数据备份"，即可进行数据备份，如图 2-60 所示。

⑩ 系统数据恢复　系统数据恢复是从数据安全性考虑，如果系统在使用的过程中出现问题，在重新安装系统时需要恢复系统原来的数据，对此可以从已经备份的数据库中导入数据。数据恢复系统会提示操作员是否备份当前的数据，备份后导入数据，如图 2-61 所示。

选择备份数据库打开，系统会提示"系统数据恢复成功，建议重新启动该系统"。

⑪ 退出系统　点击"系统设置"菜单中的"退出系统"或快捷栏中的"退出系统"均可退出可视对讲应用系统软件。退出时，将需要按要求输入当班值班员的用户名和密码，如图 2-62 所示，正确输入后才能退出系统。

图 2-61　数据备份界面

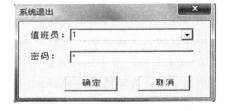

图 2-62　系统退出界面

5. 系统常见故障分析

（1）管理中心机　管理中心机的常见故障分析如下。

① 现象：电源指示灯不亮，且液晶无显示。

原因分析：a. 电源电缆连接不良；b. 电源坏。

排除方法：a. 检查连接电缆；b. 更换电源。

② 现象：电源指示灯亮，液晶无显示或黑屏。

原因分析：a. 液晶对比度调节不合适；b. 液晶电缆接触不良。

排除方法：a. 调节对比度；b. 检查连接电缆。

③ 现象：呼叫时显示通讯错误。

原因分析：a. 通讯线接反或没接好；b. 终端没有并接终端电阻。

排除方法：a. 检查通讯线连接；b. 接好终端电阻。

④ 现象：显示接通呼叫，但听不到对方声音。

原因分析：a. 音频线接反或没接好；b. 矩阵没有配置或配置不正确。

排除方法：a. 检查音频线连接；b. 检查矩阵配置，重新配置矩阵。

⑤ 现象：显示接通呼叫，但监视器没有显示。

原因分析：a. 视频线接反或没有接好；b. 矩阵切换器没有配置或配置不正确。

排除方法：a. 检查视频线连接；b. 检查网络拓扑结构设置和矩阵配置，重新配置矩阵。

⑥ 现象：音频接通后自激啸叫。

原因分析：a. 扬声器音量调节过大；b. 麦克输出过大；c. 自激调节电位器调节不合适。

排除方法：a. 将扬声器音量调节到合适位置；b. 打开后壳，调节麦克电位器（XP2）到合适位置；c. 打开后壳，调节自激电位器（XP1）到合适位置。

⑦ 现象：常鸣按键音。

原因分析：键帽和面板之间进入杂物导致死键。

排除方法：清除杂物。

（2）室外主机　室外主机的常见故障分析如下。

① 现象：住户看不到视频图像。

原因分析：视频线没有接好。

排除方法：重新接线，将视频输入线和视频输出线交换。

② 现象：住户听不到声音。

原因分析：音频线没有接好。

排除方法：重新接线，将音频输入线和音频输出线交换。

③ 现象：按键时 LED 数码管不亮，没有按键音。

原因分析：无电源输入。

排除方法：检查电源接线。

④ 现象：刷卡不能开锁或不能巡更。

原因分析：卡没有注册或注册信息丢失。

排除方法：重新注册。

⑤ 现象：室内分机无法监视室外主机。

原因分析：室外主机地址不为 1。

排除方法：重新设定室外主机分机地址，使其为 1。

⑥ 现象：室外主机一上电就报防拆报警。

原因分析：防拆开关没有压住。

排除方法：重新安装室外主机。

（3）多功能可视室内分机　多功能可视室内分机的常见故障分析如下。

① 现象：开机指示灯不亮。

原因分析：电源线未接好。

排除方法：接好电源线。

② 现象：无法呼叫或响应呼叫。

原因分析：a. 通讯线未接好；b. 室内分机电路损坏。

排除方法：a. 接好通讯线；b. 更换室内分机。

③ 现象：被呼叫时没有铃声。

原因分析：a. 扬声器损坏；b. 处于免扰状态。

排除方法：a. 更换室内分机；b. 恢复到正常状态。

④ 现象：室外主机呼叫室内分机或室内分机监视室外主机时显示屏不亮。

原因分析：a. 显示模组接线未接好；b. 显示模组电路故障；c. 室内分机处于节电模式。

排除方法：a. 检查显示模组接线；b. 更换室内分机；c. 系统电源恢复正常，显示屏可正常显示。

⑤ 现象：能够响应呼叫，但通话不正常。

原因分析：音频通道电路损坏。

排除方法：更换室内分机。

（4）门前铃　门前铃的常见故障分析如下。

① 现象：按呼叫键无呼叫信号。

原因分析：门前铃电路损坏。

排除方法：更换门前铃。

② 现象：无图像显示，不能进行通话。

原因分析：通讯线路故障或门前铃损坏。

排除方法：更换门前铃。

【项目小结】

安全防范系统简称安防系统，是指以维护公共安全为目的，综合运用技防产品和相关科学技术、管理方式所组成的公共安全防范体系。安全防范系统主要由出入口控制系统、入侵报警系统、视频监控系统、电子巡更系统和停车场管理系统等多种防范系统组成。各种系统可以单独运行，也可以联动。

出入口控制系统是用于控制进出建筑物或一些特殊房间和区域的管理系统，又称为门禁控制系统（简称门禁系统）。出入口控制系统一般由出入口目标识别子系统、出入口信息管理子系统和出入口控制执行机构三部分组成。

入侵报警系统利用各种探测器对建筑物内外的重要地点和区域进行布防，当探测到有非法入侵者时，系统将自动报警。入侵报警系统一般由探测报警器、信号传输系统和报警控制中心组成。

本套实训装置实现了出入口控制系统和入侵报警系统的集成、联动。系统主要实现了室外主机、分机地址、管理中心机之间的呼叫和对讲、开锁、室内安防的布防及撤防等功能。在项目实施过程中，培养了学生的团队协作能力、计划组织能力、楼宇设备安装与调试能力、工程实施能力以及职业素养和交流沟通能力等。

思考与练习

1. 简述安全防范系统的含义及组成。
2. 简述出入口控制系统的含义及组成。
3. 简述入侵报警系统的含义及组成。
4. 简述对讲门禁及室内安防实训系统的系统构成及工作原理。
5. 绘制对讲门禁及室内安防实训系统的系统接线图。
6. 简述对讲门禁及室内安防实训系统主要设备及其端口的功能。
7. 总结实训中遇到的故障及解决方法。

项目 3
视频监控及周界防范系统集成

【项目引导】

视频监控系统是安防领域中的重要组成部分，系统通过摄像机及其辅助设备（如云台），直接观察被监视场所的情况，同时可以把被监视场所的情况进行同步录像。另外，视频监控系统还可以与入侵报警系统等其他安全防范系统联动运行，使用户的安全防范能力得到整体提高。

通过本项目的学习，应达到以下知识和技能目标：

- 掌握视频监控系统的组成及应用。
- 了解视频监控系统及其主要设备的功能。
- 能够描述视频监控系统的构成，并能够认知其常用设备。
- 能够描述实训装置中视频监控及周界防范系统的系统结构及系统工作原理。
- 能够正确使用实训装置中的视频监控及周界防范系统，并进行简单的系统设计。
- 能够正确完成实训装置中视频监控及周界防范系统的设备安装、系统功能调试，并能进行故障分析及排除。

【项目相关知识】

本项目主要涉及视频监控系统和入侵报警系统，其中入侵报警系统已在项目 2 中介绍过，以下仅对视频监控系统进行概括性介绍。

一、视频监控系统概述

视频监控系统是电视技术在安全防范领域的应用，是一种先进的、安全防范能力极强的综合系统。视频监控系统的主要功能是通过摄像机及其辅助设备来监控、记录现场的情况，使管理人员在控制室便能看到建筑物内外重要区域的情况，扩展了保安系统的视野，从而大大加强了安保的效果；同时，报警现场情况的视频记录还可作为证据和用于分析案情。目前视频监控系统已广泛应用于政府、学校、银行、商场、写字楼、交通等各个领域，它是现代化管理、监测和控制的重要手段，也是智能楼宇的一个重要组成部分。视频监控系统一般由摄像、传输、控制、显示与记录四部分组成，各个部分之间的关系如图3-1所示。

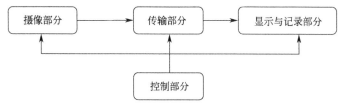

图3-1　视频监控系统组成

（1）摄像部分　摄像部分一般安装在现场，它的作用是对所监视区域的目标进行摄像，把目标的光、声信号转变成电信号，然后送入系统的传输部分进行传输。摄像部分的核心设备是摄像机，它是光电信号转换的主体设备。随着光电技术的快速发展，摄像机的种类越来越多。为保证摄像机的使用效果，在使用时必须根据不同的系统、不同的使用目的以及现场的实际情况等进行选择。

（2）传输部分　传输部分的作用是将现场摄像机发出的电信号传送到控制中心，它一般包括线缆、调制与解调设备以及线路驱动设备等。传输的方式有两种，即有线传输和无线传输。有线传输是利用同轴电缆、光纤等有线介质进行信号传输；无线传输是利用无线电波等无线介质进行信号传输。

（3）显示与记录部分　显示与记录部分是将从现场传送来的电信号转换成图像，并实现切换、记录、加工等功能。它的主要设备有监视器、录像机、视频切换器、画面分割器等。

（4）控制部分　控制部分一般安放在控制中心机房，它的作用是通过有关设备对系统的摄像、传输、显示与记录部分的设备进行控制与图像信号的处理。其中，对系统的摄像和传输部分采用的是远距离的遥控，被控制的主要设备有电动云台、云台控制器和多功能控制器等。

二、视频监控系统的功能

视频监控系统是在需要布防的区域和地点安装摄像机，将现场采集的图像传送至监控中心，监控中心进行实时监控和记录。系统的主要功能包括以下几个方面：

① 能够查看和记录图像，应有字符区分并作时间（年、月、日、小时、分）的显示。

② 能够对视频信号进行时序、定点切换、编程。

③ 能够输出各种遥控信号进行远程控制，如对云台、镜头、防护罩等的控制

信号。

④ 能够与其他系统进行系统集成和联动控制。可接收安全防范系统中其他子系统信号，根据需要实现控制联动或系统集成。

⑤ 当视频安全防范监控系统与安全防范报警系统联动时，应能自动切换、显示、记录报警部位的图像信号及报警时间。

⑥ 能够实现系统内外的通信联系。

对于系统的集成和联动控制，需要综合考虑才能做好。因为在视频监控系统中，设备很多，技术指标又不完全相同，需要综合考虑，将它们集成起来，以发挥最大的作用。联动控制是把各子系统充分协调，形成统一的安全防范体系，要求控制可靠、不出现漏报和误报。

三、视频监控系统的主要设备

视频监控系统的主要设备有摄像机、云台、防护罩、云台镜头控制器、解码器、画面处理器、视频处理器、监视器、录像机、视频矩阵切换器等。

1. 摄像机

在视频监控系统中，摄像机是摄像头和镜头的总称。摄像机处于系统的最前端，是对监视区域进行摄像并将其转换成电信号（视频信号）的设备，为系统提供信号源，因此它是视频监控系统的重要设备之一。

（1）摄像机的分类　根据摄像机的原理和功能可以有如下分类。

① 按照成像色彩分类　根据成像的色彩，摄像机可分为三类：黑白摄像机、彩色摄像机和昼夜型黑白/彩色摄像机。

a. 黑白摄像机　适用于光线不足、夜间无法安装照明设备和一般监视的场所，其图像颜色只有黑白两种，清晰度和灵敏度高，但不能显示图像的真实颜色。在仅监视景物的位置和移动时，可选用黑白摄像机。

b. 彩色摄像机　适用于景物细部辨别等要求较高的监视，如衣着或景物颜色等，能够显示图像的真实颜色，信息量大，在视频监控系统中发挥着重要的作用。

c. 昼夜型黑白/彩色摄像机　在白天或光线充足的环境下，摄像机成像颜色为彩色；当工作环境进入到夜间或光线不足状态时，摄像机成像颜色由彩色自动转为黑白，从而保证了无论是在什么样的照明环境下，都能呈现出清晰的图像。

② 按照采用的技术分类　根据采用的技术，摄像机可分为三类：模拟摄像机、DSP 摄像机和 DV 摄像机。

a. 模拟摄像机　模拟摄像机输出的是模拟视频信号。

b. DSP 摄像机　DSP 摄像机装有 DSP 功能芯片，具有处理功能。DSP（digital signal processing）即数字信号处理，它是利用数字计算机或专用数字信号处理设备，以数值计算的方法对信号进行采集、变换、综合、估值、识别等加工处理，借以达到提取有用信息、便于应用的目的。

c. DV 摄像机　即具有 DV（digital video）格式的数字摄像机。DV 格式是多家著名家电巨擘联合制定的一种数码视频格式。

③ 按照灵敏度分类　根据灵敏度，摄像机可分为四类：普通型摄像机、暗光型摄像机、微光型摄像机和红外型摄像机。

a. 普通型摄像机　工作于室内正常照明或者室外白天，正常工作所需照度为 1～3lx。

b. 暗光型摄像机　也称为月光型摄像机，工作于室内无正常照明的环境里，正常工作所需照度为 0.1lx 左右。

c. 微光型摄像机　也称为星光型摄像机，工作于室外月光或星光下，正常工作所需照度为 0.01lx 以下。

d. 红外型摄像机　工作于室外无照明的场所，原则上可以为零照度，采用红外光源照明成像。

④ 按照功能分类　根据功能，摄像机可分为三类：视频报警摄像机、广角摄像机和针孔摄像机。

a. 视频报警摄像机　在监视范围内，如果有目标在移动，就能向控制器发出报警信号。

b. 广角摄像机　用于监视大范围的场所。

c. 针孔摄像机　用于隐蔽监视局部范围。

⑤ 按照使用环境分类　根据使用环境，摄像机可分为两类：室内摄像机和室外摄像机。

a. 室内摄像机　用于室内的监视，摄像机外部无防护装置，对使用环境有要求。

b. 室外摄像机　用于室外的监视，必须考虑室外恶劣的工作环境。在摄像机外要安装防护罩，内设遮阳罩、降温风扇、雨刷、加热器等。

⑥ 按照结构分类　根据结构，摄像机可分为四类：固定式摄像机、旋转式摄像机、球形摄像机和半球形摄像机。

a. 固定式摄像机　用于监视固定目标。

b. 旋转式摄像机　带旋转云台的摄像机，可做上、下、左、右旋转。

c. 球形摄像机　可以根据监视的范围，进行 90°垂直旋转、360°水平旋转、预置旋转等。

d. 半球形摄像机　吸顶安装，可做上、下、左、右旋转。

（2）摄像机的主要传感部件——CCD　摄像机的主要传感部件是 CCD（charge coupled device，电荷耦合器件）。CCD 能够将图像的光学信号转换为电荷，并可将电荷转变成电压信号。因此 CCD 是理想的摄像元件，目前是代替摄像管的新型器件。

CCD 的工作原理为：被摄像的物体发射光线，传送到镜头，经镜头聚焦到 CCD 芯片上，CCD 根据光的强弱积聚相应的电荷，产生表示一幅幅画面的电信号，经过滤波、放大处理，通过摄像头的输出端子输出一个标准的复合视频信号。

衡量 CCD 的主要技术指标有像素数量、芯片尺寸、灵敏度和信噪比等。

① 像素数量　决定了显示图像的清晰程度，像素越多，图像越清晰。像素在 38 万以上的称为高清晰度摄像机。

② 芯片尺寸　指 CCD 靶面的大小，目前已经开发出多种尺寸，常用的是 1/3in（1in＝0.0254m）和 1/4in。CCD 靶面的大小、CCD 与镜头的配合情况将直接影响视场角的大小和图像的清晰度。

③ 灵敏度　CCD 对环境光线的敏感程度，即 CCD 正常成像时所需的最暗光线。灵敏度数值越小，表示需要的光线越少，高灵敏度的摄像机可以在很暗的条件下进行摄像。

④ 信噪比　反映信号与噪声的比值关系，信噪比越高，说明图像的质量越好。信噪比的典型值是 46dB，若为 50dB，则图像有少量噪声，但图像质量良好；若为 60dB，则图像质量优良，不出现噪声。

（3）镜头　摄像机镜头是视频监控系统的最关键设备，它相当于人眼的晶状体，如果没有晶状体，人眼就看不到任何物体，摄像机没有了镜头，将无法输出清晰的图像，视频监控系统就失去了它的作用。镜头质量的优劣直接影响摄像机的整体质量。因此，摄像机镜头的选择是否合适，既影响到系统质量，又影响到工程造价。

摄像机镜头都是螺纹口的，CCD 摄像机的镜头安装接口主要有两种工业标准，即 C 型安装座和 CS 型安装座，两者的区别在于从镜头到感光元件表面的距离不同。C 型接口的装座距离为 17.52mm，CS 型接口的装座距离为 12.52mm。C 型座镜头通过接圈可以安装在 CS 型座的摄像机上，但反之则不行。如果安装不正确，则成像不清。

镜头的分类如表 3-1 所示。

表 3-1　镜头的分类

按外形功能分	按尺寸大小分	按光圈分	按变焦类型分	按焦距长短分
球面镜头	1″ 25.4mm	自动光圈	电动变焦	长焦距镜头
非球面镜头	1/2″ 13mm	手动光圈	手动变焦	标准镜头
针孔镜头	1/3″ 8.5mm	固定光圈	固定焦距	广角镜头
鱼眼镜头	2/3″ 17mm			

镜头的主要技术指标有尺寸大小、光圈类型、变焦类型和焦距等。镜头是按照

焦距和光圈来确定的，这两项参数不仅决定了镜头的聚光能力和放大倍数，而且决定了它的外形尺寸。

① 尺寸大小　镜头的尺寸大小应与摄像机的 CCD 尺寸一致。如果镜头尺寸与摄像机 CCD 靶面尺寸不一致，就会出现观察角度不符合设计要求或者画面在焦点以外等问题。

② 光圈类型　镜头的光圈是指通光量，以镜头的焦距和通光孔径的比值来衡量，记为光阑系数 F。

$$F = f/d^2$$

式中，f 为焦距；d 为通光孔直径。F 值越小，则光圈越大。例如，镜头上光圈指数序列的标值为 1.4、2、2.8、4、5.6、8、11、16、22 等，其规律是前一个标值的曝光量正好是后一个标值对应曝光量的 2 倍。因此，光圈指数越小，则通光孔径越大，成像靶面上的照度也就越大。

根据光圈的调整方式，镜头类型主要有手动光圈镜头、自动光圈镜头和固定光圈镜头。

● 手动光圈镜头　适合于亮度不变的应用场合。

● 自动光圈镜头　可以随亮度变化自动调整光圈，因此适用于亮度变化的场合。

● 固定光圈镜头　可避免最大光圈随焦距而缩小的问题，但一般价格较高，重量和体积也会相对较大。

光圈除了控制通光量外，也会对景深有影响。在焦距相同的情况下，光圈越大，景深越浅，即背景和前景会更模糊。但要注意的是，要做出浅景深，光圈不是唯一的元素。

③ 焦距类型　焦距是指镜头的光学中心到焦平面的距离，一般以毫米（mm）为单位，它是镜头的一个非常重要的技术指标。镜头焦距的长短决定着成像大小、视场角大小、景深大小和画面的透视强弱。焦距（f）的计算公式为：

$$f = wL/W \quad 或 \quad f = hL/H$$

式中，w 表示图像的宽度，即被摄物体在 CCD 靶面上的成像宽度；W 表示被摄物体的宽度；L 表示被摄物体至镜头的距离；h 表示图像的高度，即被摄物体在 CCD 靶面上的成像高度；H 表示被摄物体的高度。

焦距的大小决定着视场角的大小。焦距数值小，视场角大，所观察的范围也大，但是距离远的物体分辨不太清楚；焦距数值大，视场角小，所观察的范围也小。所以，如果要看细节，就选择长焦距镜头；如果看近距离大场面，就选择小焦距的广角镜头。只要焦距选择合适，即便距离很远的物体也可以看得清清楚楚。

根据变焦类型，镜头可分为三种：固定焦距镜头、手动变焦镜头、自动变焦镜头。

● 固定焦距镜头　一般与电子快门摄像机配套，适用于室内监视某个固定目标和场所。固定焦距镜头一般又分为：长焦距镜头、中焦距镜头和短焦距镜头。长焦距镜头的焦距大于成像尺寸的镜头，又称为望远镜头，这类镜头的焦距一般在150mm以上，主要用于监视较远处的目标，但视景狭窄。中焦距镜头是焦距与成像尺寸相近的镜头，是标准镜头，焦距的长度依CCD尺寸而定。短焦距镜头的焦距小于成像尺寸的镜头，可提供较宽的视野，又称为广角镜头，该镜头的焦距通常在28mm以下。短焦距镜头主要用于环境照明条件差、监视范围要求宽的场合。

● 手动变焦镜头　一般用于科研项目，而不用在闭路电视监控系统中。

● 自动变焦镜头　自动变焦镜头有两种：电动调整和预置。电动调整是由镜头内的电动机驱动。预置是通过镜头内的电位计预先设置调整停止位，这样就可以免除成像过程中的逐次调整，可以精确与快速定位。在球形罩一体化摄像系统中，大部分采用带预置位的伸缩镜头。电动变焦镜头可与任何CCD摄像机配套，在各种光线下都可以使用，它通过遥控装置来进行光圈调整、改变焦距、对焦等，它是在测焦系统与电动变焦反馈控制系统的控制下完成的。自动变焦镜头通常要配合电动光圈镜头和电动云台使用。

根据镜头参数可调整的项目分类，主要有三可变镜头和二可变镜头。三可变镜头可以调整焦距、聚焦、光圈三个项目。二可变镜头可以调整焦距、聚焦两个项目，光圈自动调整。

2. 云台

摄像机云台是安装、固定摄像机的支撑设备。通过对云台旋转控制，可扩大监视范围。摄像机云台有手动和电动两种。电动云台是在微电机的带动下进行水平和垂直旋转，它与摄像机配合使用能够达到扩大监视范围和跟踪目标的目的。有的电动云台还具有自动巡视功能，这就需要增加云台的自动控制功能。摄像机云台的主要技术指标有回转范围、承载能力、旋转速度、安装方式等。

① 回转范围　有水平旋转角度和垂直旋转角度两个指标。

② 承载能力　指云台的负重，选用云台时必须考虑。

③ 旋转速度　可分为恒定速度和可变速度。普通云台的转速是恒定的，可变速度云台需要根据使用要求选择水平和垂直旋转的速度。

④ 安装方式　有侧装和吊装两种，即云台可以安装在墙壁或天花板上。

3. 防护罩

摄像机防护罩主要用于保护摄像机。防护罩种类很多，主要分为室内、室外和特殊类型等几种。

（1）室内型防护罩　以装饰性、隐蔽性和防尘为主要目标，又分为简易防尘防护罩、防水型防护罩和通风冷却型防护罩。

（2）室外型防护罩　属于全天候应用，必须能够适应不同的使用环境，特别是恶劣的天气环境。室外型防护罩的功能主要有防晒、防雨、防尘、防冻、防结露和防腐蚀等。室外型防护罩的密封性能必须要好，保证雨水不能进入防护罩内部侵蚀摄像机。有的室外型防护罩还带有排风扇、加热板和刮雨刷等，可以更好地保护摄像机。根据使用功能，室外型防护罩可分为防尘、防水型，带加热、排风冷却型，带雨刷、加热、排风冷却型等。

（3）特殊类型防护罩　包括高温下水冷或强制风冷型、防爆型、特殊射线防护型及其他类型。

摄像机防护罩的选择首先是要能包容所保护的摄像机，并留有适当的富余空间；其次是根据使用环境选择合适的防护罩类型；最后还要考虑外观、重量和安装等因素。

4. 云台镜头控制器

云台镜头控制器简称云镜控制器，能实现对电动镜头、电动云台以及防护罩等附属功能的自动控制。云镜控制器主要通过有线传输方式传送控制信号，远距离进行控制。云镜控制器能用于控制云台的旋转、变焦镜头的焦距和光圈的大小、摄像机电源的通断、防护罩的附属功能的实现等。依据的分类方式不同，云镜控制器有着不同的类别。按照控制路数的多少，云镜控制器可分为单路和多路；按照控制功能，云镜控制器可分为水平云镜控制器和全方位云镜控制器。

5. 解码器

解码器是视频监控系统的前端控制装置，与控制主机配套使用。解码器的作用是将视频监控系统控制主机经传输系统传输过来的控制信号转换成对镜头变焦、聚焦、光圈的控制，对云台上、下、左、右旋转的控制，对摄像机提供电源，对现场其他辅助设备联动控制等。解码器必须与系统主机的通信协议一致。

6. 画面处理器

画面处理器是采用图像压缩和数字化处理的方法，把几个画面（多路摄像机的图像）按同样的比例压缩显示在一个监视器的屏幕上，或将多台摄像机信号记录在一台录像机中的装置。画面处理设备可以分为两大类：画面分割器和多工处理器。

（1）画面分割器　画面分割器是将多个视频信号进行数字化处理，经过像素压缩法把每个单一画面压缩成为几分之一，分别放置在不同位置，在监视器上组合成多个画面显示。画面分割器主要有 4 分割、9 分割、16 分割等几种。随着分割的增多，每路图像的分辨率和连续性都会有所下降，录像效果不好。画面分割器的常见功能有：多路音视频输入/输出端子、可顺序显示单一画面图像、可顺序显示多路输入图像、可叠加时间和字符、快放图像、画面静止、画中画、图像局部放大、可独立调整每路视频的图像（如亮度、对比度、色度等）、RS232 远地控制及联网等。

（2）多工处理器　多工处理器也称为图框压缩处理器，是按图像最小单位（场或帧）依序编码个别处理（场切换按 1/60s 处理，帧切换按 1/30s 处理），按照摄像机的顺序依次记录在磁带上，编上识别码，录像回放时取出相同识别码的图像集中存放在相应的图像存储器上，再进行像素压缩后送给监视器以多画面方式显示。该方式是让录像机依次录下每部摄像机输入的画面，每个图框都是全画面，在画面质量上没有损失，但画面的更新速率会随着摄像机数量的增多而不断减小，因此画面可能会有延迟现象。

7. 视频处理器

视频处理器包括视频放大器和视频运动检测器等。

（1）视频放大器　视频放大器是对经过长线传输产生了衰减的视频信号进行放大，以保证信号达到正常的幅值。需要注意的是，视频放大器对视频信号和噪声具有同样的放大作用，因此，在传输线路中，放大器的数量是有限制的。为了减少信号的衰减，可以增加传输线的直径或采用光纤传输信号。

（2）视频运动检测器　在视频安全防范监控系统中，视频运动检测器起到探测报警器的作用，它可以发出报警信号并可启动报警联动装置。视频运动检测器是根据视频采样报警的，当监视现场有异常情况发生时，警戒区内图像的亮度、对比度等都会产生变化，当这一变化超过设定的安全值时，就可发出报警信号。

8. 监视器

监视器是用来显示摄像机传送来的图像信息的终端显示设备。监视器和普通电视机的区别主要体现在两个方面：一是监视器是接收视频基带信号，而普通电视机接收的是经过调制的高频信号；二是监视器是按工业标准生产的，其稳定性、耐用性、清晰度比普通电视机高很多。按照色彩，监视器可分为黑白监视器和彩色监视器。

（1）黑白监视器　按质量水平和使用范围，黑白监视器可分为通用型应用级和广播级。通用型应用级黑白监视器主要用于非广播电视系统，质量水平和功能要求一般。广播级黑白监视器主要用于广播电视系统，质量水平较高、功能要求较多。视频监控系统一般使用通用型应用级。黑白监视器的主要性能指标有视频通道频响、水平分辨率和屏幕大小。

① 视频通道频响　通用型应用级为 8MHz，广播级在 10MHz 以上。

② 水平分辨率　通用型应用级为 ≥600 线，广播级为 ≥800 线以上。

③ 屏幕大小　有 9 英寸、14 英寸、18 英寸、21 英寸等多种。

（2）彩色监视器　彩色监视器主要有精密型、高质量、图像、收监两用等类型。精密型彩色监视器的分辨率可达 600～800 线，其图像清晰、色彩逼真、性能稳定，但价格昂贵，主要用于电视台的主监视器或测量。在选择监视器时，应注意以下几个方面：

① 监视器类型的选择应与前端摄像机类型基本匹配。

② 监视器有不同的制式，选用时应特别注意。

③ 屏幕的大小要与显示的视频图像相匹配。

9. 录像机

视频监控系统的录像机是记录和重放设备，通过它可以对摄像机传送来的视频信号进行实时记录，以备查用。与普通的家用录像机相比，视频监控系统使用的录像机还应有如下几个方面的特殊功能：

① 记录时间，视频监控系统使用的专用录像机录像时间远比家用录像机长。

② 能够进行自动循环录像。

③ 具有报警输入及报警自动录像功能。即当接收到报警信号时，录像机由间隔录像自动转换到标准实时录像，或者由停止状态直接启动进入标准实时录像，保证了在报警状态下所记录的视频图像的完整，并且录像机还有把报警信号输出到报警联动装置上的功能。

④ 具有时间字符叠加功能。用于对录像机记录的内容进行确认，为今后的复查提供方便。

⑤ 具有电源中断恢复后能够自动重新记录的功能。

近年来常用的录像机主要有数字视频录像机（DVR）和网络视频录像机（NVR），它们是计算机技术、网络技术与录像机技术结合的产物，现在已经得到了大量使用。

● DVR（digital video recorder）　相对于传统的模拟视频录像机，DVR采用硬盘录像，故常常被称为硬盘录像机。它是一套进行图像存储处理的计算机系统，能把音视频信号用数字方式记录在硬盘里并能将选定的图像重放出来，具有对图像/语音进行长时间录像、录音、远程监视和控制的功能。它是一种数字化的录像和存储，可以确保图像质量和海量存储。

● NVR（network video recorder）　也称为网络硬盘录像机。NVR最主要的功能是通过网络接收IPC（网络摄像机）设备传输的数字视频码流，并进行存储、管理，从而实现网络化带来的分布式架构优势。通过NVR可以同时观看、浏览、回放、管理、存储多个网络摄像机。

10. 视频矩阵切换器

视频矩阵切换器的作用是将多路输入信号有选择地分配到指定的输出设备上。视频矩阵切换器通常有两个以上的输出端口，且输出的信号彼此独立。矩阵式视频切换器主要用于画面的切换，它可以按照系统的实际需要进行通断操作的设定，以完成监控任务。通过阵列切换的方法将M路（CAM）视频信号任意输出至N路（MON）监控设备上，同时处理多路控制命令，与操作键盘、多媒体计算机控制平台等设备，通过通信线路连接组成视频监控中心。

【项目实训环境】

一套 THBAES 智能楼宇工程实训装置的视频监控及周界防范系统实训装置；一套安装工具；常用线缆和线槽等辅助材料。

【项目实训任务】

任务1 认知视频监控及周界防范系统

一、任务目的

（1）能够认知视频监控及周界防范实训系统的主要设备并能描述其功能。

（2）能够描述视频监控及周界防范实训系统的系统构成及工作原理。

（3）能够绘制视频监控及周界防范实训系统的系统结构图。

二、任务实施

视频监控及周界防范系统是安全防范技术体系中的一个重要组成部分，是一种先进的、防范能力极强的综合系统。它可以通过遥控摄像机及其辅助设备，直接观看被监视场所的一切情况，把被监视场所的图像传送到监控中心，同时还可以把被监视场所的图像全部或部分地记录下来，为日后某些事件的处理提供方便条件和重要依据。

本套实训装置中的视频监控及周界防范系统包含视频监控和周界防范两大部分。它实现了视频监控和入侵报警系统的集成和联动报警，可完成对智能大楼门口、智能小区、管理中心等区域的视频监视及录像。

1. 认知视频监控实训系统设备

本套实训装置中的视频监控系统是基于网络的视频监控系统，它融合了计算机、网络与视频监控等先进技术，使视频流能够通过有线或无线网络进行传输，超越了地域的限制，只要有网络都可以进行远程监控及录像。本套实训装置中的视频监控系统主要由液晶监视器、网络硬盘录像机和4个网络摄像机等设备组成。它能与安防系统报警联动，可完成对智能大楼门口、智能小区、管理中心等区域的视频监视及录像。

（1）液晶监视器 监视器，如图 3-2 所示，它是视频监控系统的显示部分，是视频监控系统的标

图 3-2 液晶监视器

准输出。监视器的主要作用是显示监控画面，有了监视器的显示我们才能观看前端送过来的图像，它是视频监控不可或缺的终端设备。

图 3-3　网络硬盘录像机

（2）网络硬盘录像机　网络硬盘录像机，如图 3-3 所示，它是视频监控系统的记录部分。它的主要作用是将监视现场的画面实时记录下来，并可方便地于事后检索查证，为案件侦破提供重要的线索与证据。

视频监控系统发展了几十年，近年来传统的模拟系统以迅猛的速度向数字化、网络化和智能化监控系统演进。视频监控记录设备也由第一代磁带录像机、第二代数字硬盘录像机（DVR）、第三代混合数字硬盘录像机（H-DVR）逐步过渡至现在的第四代网络硬盘录像机（NVR）。DVR 接入模拟视频信号并转化成数字视频数据存储，具有视频数据易于保存、支持随机查询、方便拷贝、操作维护简单等特点，受到用户欢迎；H-DVR 在继承 DVR 优点的同时，增加了网络视频接入和远程网络管理功能，仍然是一款模拟视频监控系统向全网络数字视频监控系统推进的产品。NVR 则摆脱了 H-DVR 的尴尬处境，加速了视频监控系统的网络化、高清化和平台化进程。由于 NVR 不再直接接入模拟视频信号，从根本上避免了视频信号受周边环境及设备内部器件电磁信号影响图像质量，同时中心与前端设备部署位置也不再受到线缆长度的限制。另外，NVR 通过网络接入来自网络摄像机等设备已经编码好的数字视频流，不再集中编码处理，其更多处理器性能倾注在视频数据存储、转发和回放管理方面，因而在接入视频路数、解码回放能力、系统稳定性方面更具有优势，尤其适合 QCIF、CIF、D1、720P、1080P 等不同视频分辨率混合组网的场所，易于实现视频监控路数的扩展和统一管理。本套实训所使用 NVR 的前面板（图 3-3）功能说明如下：

① 电源灯：设备正常运行时，呈白色常亮状态；设备待机时，呈呼吸灯状态。

② 状态灯：硬盘读写正常时，呈红色并闪烁。

③ 网传灯：网络连接正常时，呈白色并闪烁。

④ 红外接收口：遥控器操作使用。

⑤ USB 接口：可外接鼠标、U 盘、移动硬盘等设备。

NVR 所需的总容量，即硬盘容量，可根据录像要求（录像类型、录像资料保存时间）计算。例如，当位率类型设置为定码率时，根据不同的码流大小，对应每个通道每小时产生的文件大小可参见表 3-2，表中数据仅供参考。

表 3-2　码流大小对应每个通道每小时产生的文件大小的说明

码流大小(位率上限)	文件大小	码流大小(位率上限)	文件大小	码流大小(位率上限)	文件大小
96K	42M	128K	56M	160K	70M
192K	84M	224K	98M	256K	112M
320K	140M	384K	168M	448K	196M
512K	225M	640K	281M	768K	337M
896K	393M	1024K	450M	1280K	562M
1536K	675M	1792K	787M	2048K	900M
3072K	1350M	4096K	1800M	8192K	3600M
16384K	7200M				

（3）网络摄像机　随着网络的飞速发展，网络产品逐渐覆盖人们生活的各个角落。网络摄像机的发展创新，使它广泛应用于多个领域，如教育、商业、医疗、公共事业等方面。网络摄像机又称为 IP CAMERA（简称 IPC）或 IP 摄像机，是一种结合传统摄像机与网络技术所产生的新一代摄像机，它可以将影像通过网络传至地球另一端，且远端的浏览者不需用任何专业软件，只要标准的网络浏览器（如 IE）即可监视其影像，授权用户还可以控制摄像机云台镜头的动作或对系统配置进行操作。网络摄像机是集成了视音频采集、智能编码压缩及网络传输等多种功能的数字监控产品，采用嵌入式操作系统和高性能硬件处理平台，具有较高的稳定性和可靠性。网络摄像机主要由网络编码模块和模拟摄像机两部分组合而成。网络编码模块将模拟摄像机采集到的模拟视频信号编码压缩成数字信号，从而可以直接接入网络交换及路由设备。网络摄像机除具备一般传统摄像机所有的图像捕捉功能外，机内还设置了一个嵌入式芯片（包含数字化压缩控制器和基于 WEB 的操作系统），采用嵌入式实时操作系统，使得视频数据经压缩加密后，通过网络送至终端用户。网络摄像机可以直接接入到 TCP/IP 的数字化网络中，因此这种系统主要的功能就是在联网环境中，通过互联网或者内部局域网进行视频和音频的传输。网络摄像机能更简单地实现监控，特别是远程监控、更简单的施工和维护、更好的支持音频、更好的支持报警联动、更灵活的录像存储、更丰富的产品选择、更高清的视频效果和更完美的监控管理。另外，IPC 支持 WIFI 无线接入、3G 接入、POE 供电

（网络供电）和光纤接入等技术。

本套视频监控实训系统包含 4 个网络摄像机，分别是网络智能高速球摄像机、红外阵列半球网络摄像机、红外点阵筒型网络摄像机和红外筒型网络摄像机。它们都支持 POE 网络供电，摄像机与录像机之间无需添加供电模块，安装和维护简单；无需铺设电源线，不用交换机，网线直接供电，即插即用。其主要特性如下：

- 采用高性能处理芯片及平台，性能可靠、稳定。
- 采用先进的视频压缩技术，压缩比高，且处理灵活，超低码率。
- 支持高分辨率显示，采集的图像清晰细腻。
- 支持 SD 卡或 NAS 存储，存储数据安全且存储速度快。
- 支持移动侦测、遮挡报警、存储器满等智能报警功能。
- 支持越界侦测、场景变更侦测、动态分析等智能功能。
- 支持网络远程升级，可实现远程维护。
- 支持多种安装方式，包括吸顶装、墙壁装等。

① 网络智能高速球摄像机　如图 3-4 所示，网络智能高速球摄像机是视频监控系统的摄像部分。它是一种基于网络的智能化摄像机前端，简称高速球。它是监控系统最复杂和综合表现效果最好的前端摄像机之一，制造复杂、价格高，能够适应高密度、复杂的监控场合。高速球是一种集成度相当高的产品，集成了云台系统、通讯（解码）系统和摄像机系统。云台系统是指电机带动的旋转部分，通讯系统（相当于解码器）是指对电机的控制以及对图像和信号的处理部分，摄像机系统是指采用的一体机机芯。

本系统中的网络智能高速球摄像机内部由可变焦摄像机、旋转云台等结构组成，可控制云台旋转（360°水平转动、$-15°\sim90°$垂直转动）和巡航，可在一个监控点形成无盲区覆盖，其变焦范围根据用户的不同需要而定制，能够移动侦测和智能报警，具有红外夜视功能。旋转云台是由两台电机精密构成的可以在水平和垂直方向转动的设备。

该设备能防尘防水，常用于室外开阔场地或室内需要全方位巡视的场合。

图 3-4　网络智能高
速球摄像机

图 3-5　红外阵列半球
网络摄像机

② 红外阵列半球网络摄像机　如图 3-5 所示。红外阵列半球网络摄像机是在摄像机上增加了红外线发射装置，利用特制的"红外灯"人为产生红外辐射，产生人眼看不见而摄像机能捕捉到的红外光。当红外光照射物体，再经物体反射到摄像机时，红外摄像机就可以看到被摄物体。红外摄像机是利用普通低照度摄像机或"红外低照度彩色摄像机"去感受周围环境反射回来的红外光，从而实现夜视功能。红外发射距离与红外线的发射功率有关，功率越大，距离越长。这种类型的摄像机一般应用于室内光线较暗或无光照的环境。

红外阵列半球网络摄像机的形状是个半球，采用高效阵列红外灯。它的内部由摄像机、自动光圈手动变焦镜头、密封性能优异的球罩和精密的摄像机安装支架组成，调整角度为水平 360°、垂直 75°，能够智能侦测和报警，日间和夜间两种模式自动切换。其最大的特点是集摄像机、镜头以及安装支架为一体，设计精巧、美观且易于安装，比较适合办公场所以及装修档次高的场所使用。这种设备多用于室内小范围的监控场合，例如重要的出入口、通道、电梯轿厢等。

③ 红外点阵筒型网络摄像机　如图 3-6 所示，红外点阵筒型网络摄像机的红外摄像功能与红外阵列半球网络摄像机相同，能够移动侦测、智能报警。该设备能防尘防水，可用于室外或室内光线较暗或无光照环境的场所。

图 3-6　红外点阵筒型网络摄像机

图 3-7　红外筒型网络摄像机

④ 红外筒型网络摄像机　如图 3-7 所示，红外筒型网络摄像机的红外摄像功能与红外阵列半球网络摄像机相同。该设备能防尘防水，可用于室外或室内光线较暗或无光照环境且要求高清画质的场所。

（4）以太网交换机　以太网交换机，如图 3-8 所示，是基于以太网传输数据的交换机，用于组建局域网、连接终端设备，如 PC 机及网络打印机等。以太网交换机的每个端口都直接与终端设备（如主机）相连，并且一般都工作在全双工方式；交换机能同时连通许多对端口，使每一对相互通信的主机都能像独占通信媒介那样，进行无冲突地传输数据；每个端口的用户都独占传输媒介的带宽。

图 3-8　以太网交换机

2. 认知周界防范实训系统设备

本套实训装置中的周界防范系统主要由主动红外对射、门磁和声光报警器等报警设备组成，当其中的任意一路信号被检测到，就会与视频监控系统报警联动，可完成对布防区域的探测、报警和联动录像。

（1）主动红外对射探测报警器　如图3-9所示。主动红外探测器目前采用最多的是红外线对射式，由一个红外线发射器和一个接收器组成，以相对方式布置。当非法入侵者横跨门窗或其他防护区域时，挡住了不可见的红外光束，从而引发报警。为防止非法入侵者可能利用另一个红外光束来瞒过探测器，探测器的红外线必须先调制到指定的频率再发送出去，而接收器也必须配有频率与相位鉴别电路来判别光束的真伪，或防止日光等光源的干扰。其一般较多被用于周界防护探测器，是用来警戒建筑物、院落周边最基本的探测器。其原理是用肉眼看不到的红外线光束形成的一道保护开关。

图 3-9　主动红外对射探测报警器

图 3-10　门磁

图 3-11　声光报警器

（2）门磁　如图3-10所示。门磁是由永久磁铁和干簧管（又称磁簧管或磁控管）两部分组成。干簧管是一个内部充有惰性气体（如氩气）的玻璃管，内装有两个金属簧片，形成触点。其固定端和活动端分别安装在"智能小区"的门框和门扇上。

（3）声光报警器　如图3-11所示。它是一种预警装置，通过声音和各种光来向人们发出示警信号。

3. 认知视频监控及周界防范实训系统的系统结构

（1）视频监控实训系统的系统结构　本套实训装置中，视频监控系统的系统结构如图3-12所示，负责对智能大楼门口、智能小区、管理中心等区域的视频监视及录像。

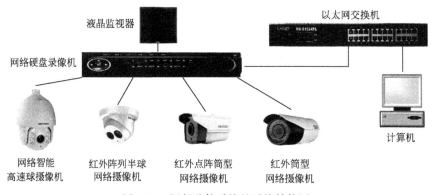
图 3-12　视频监控系统的系统结构图

（2）周界防范实训系统的系统结构　本套实训装置中，周界防范系统的系统结构如图 3-13 所示，负责对布防区域的探测，当其中的任意一路（主动红外对射探测报警器或门磁）信号被检测到，就会与视频监控系统联动报警。

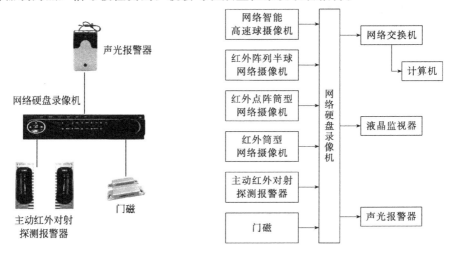

图 3-13　周界防范系统的系统结构图　图 3-14　视频监控及周界防范系统的系统结构图

（3）视频监控及周界防范实训系统的系统结构　本套实训装置中，视频监控及周界防范系统的系统结构如图 3-14 所示。

任务 2　视频监控及周界防范系统的安装与调试

一、任务目的

（1）能够描述视频监控及周界防范实训系统设备的主要连接端口的功能。

（2）能够识读视频监控及周界防范实训系统的系统接线图。

（3）能够描述视频监控及周界防范实训系统实现的系统功能。

（4）能够正确实行视频监控及周界防范实训系统的安装、参数设置及功能调试。

（5）能够正确使用视频监控及周界防范实训系统，以实现系统功能。

二、任务实施

1. 认知系统设备的端口功能

（1）视频监控系统设备的端口功能

① 液晶监视器　接线端子如图 3-15 所示，各接线端子的功能说明如表 3-3 所列。

图 3-15　液晶监视器的接线端子　　　　图 3-16　网络硬盘录像机的接线端子

表 3-3　液晶监视器接线端子的功能说明

端子序号	标识	名称	连接关系
1	视频 1 输入	视频 1 输入	—
2	视频 2 输入	视频 2 输入	—
3	视频 1 输出	视频 1 输出	—
4	视频 2 输出	视频 2 输出	—
5	VGA	VGA	接网络硬盘录像机的 VGA 端口

② 网络硬盘录像机　接线端子如图 3-16 所示，各接线端子的功能说明如表 3-4 所列。

表 3-4　网络硬盘录像机接线端子的功能说明

端子序号	标识		名称	连接关系
1	POE1～8		POE 网口	接网络摄像机的网络端子
2	LAN		LAN 以太网口	接以太网交换机
3	USB		USB 接口	—
4	AUDIO IN		语音对讲音频输入接口	—
5	AUDIO OUT		音频输出接口	—
6	HDMI		HDMI 高清接口	—
7	RS232		RS232 串行接口	—
8	VGA		VGA 接口	接液晶监视器的 VGA 端口
9	RS485		RS485 串行接口	—
10	ALARM IN	1～16	报警输入接口	接报警输入设备（如探测器）的报警端子
		G		
11	ALARM OUT	1～4	报警输出接口	接报警输出设备（如声光报警器）的端子
		G		

③ 网络摄像机　4 个网络摄像机的各接线端子的功能说明如表 3-5 所列。它们都具有 1 个 RJ45 以太网口，支持网络摄像机直连 POE 网口。POE（power over ethernet）是指在现有的以太网布线基础架构上，为一些基于 IP 的终端（如 IP 电话机、无线局域网接入点 AP、网络摄像机等）传输数据信号的同时，还能为此类设备提供直流供电的技术。POE 技术能在确保现有结构化布线安全的同时保证现有网络的正常运作，最大限度地降低成本。

表 3-5　网络摄像机接线端子的功能说明

端子序号	标识	名称	连接关系
1	网络接口	RJ45 以太网口	接网络硬盘录像机的 POE 网口
2	电源接口	其他网络摄像机：DC 12V 高速球：AC 24V	接安防配电箱 DC 12V/AC 24V

（2）周界防范系统设备的端口功能

① 主动红外对射探测报警器　主动红外对射探测报警器由发射器和接收器组成，它们的接线端子如图 3-17 所示，各接线端子的功能说明如表 3-6 所列。

(a) 接收器　　　　　　　　　　　　　　(b) 发射器

图 3-17　主动红外对射探测报警器的接线端子

表 3-6　主动红外对射探测报警器接线端子的功能说明

接收器			
端子序号	标识	名称	连接关系
1	POWER ＋	电源	接安防配电箱 DC12V＋
2	POWER －		接安防配电箱 DC12V－
3	C	公共端	接网络硬盘录像机的报警输入端子 G
4	NC	常闭端	接网络硬盘录像机的报警输入端子 1
5	NO	常开端	—
发射器			
端子序号	标识	名称	连接关系
1	POWER ＋	电源	接安防配电箱 DC12V＋
2	POWER －		接安防配电箱 DC12V－

② 门磁　接线端子的功能说明如表 3-7 所列。

表 3-7　门磁接线端子的功能说明

端子序号	标识	名称	连接关系
1	NC	常闭端	接网络硬盘录像机的报警输入端子 2
2	COM	公共端	接网络硬盘录像机的报警输入端子 G

③ 声光报警器　接线端子的功能说明如表 3-8 所列。

表 3-8　声光报警器接线端子的功能说明

端子序号	名称	连接关系
1	两根电源线	接网络硬盘录像机的报警输出端子 1 和 G

2. 系统接线图

视频监控及周界防范实训系统的接线图如图 3-18 所示。

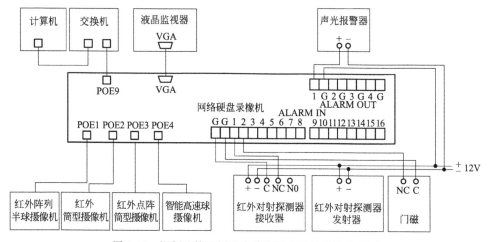

图 3-18　视频监控及周界防范实训系统的系统接线图

3. 系统的安装与调试

（1）系统功能

① 通过硬盘录像机能够进行视频切换，实现单画面的切换及四画面的切换。

② 通过硬盘录像机能够控制云台，实现硬盘录像机控制云台转动、调节镜头、自动轨迹、区域扫描等功能。

③ 通过硬盘录像机能够进行手动录像，实现手动录像及录像查询。

④ 通过硬盘录像机能够定时录像，实现定时录像及录像查询。

⑤ 通过硬盘录像机能够进行报警联动录像，实现外部报警输入、动态监测报警输入、联动录像、报警及录像查询。

⑥ 通过红外筒型摄像机能够进行智能侦查（如人脸侦测、越界侦测、区域入侵侦测、进入区域侦测等功能）。

（2）施工流程　为了强化智能楼宇系统工程能力，本实训在模拟的现场施工环境中，依照从准备到施工的基本流程完成实训任务。

① 施工前准备　在此阶段，主要完成以下2项任务：

a. 依据前期的系统设计，填写设备及材料清单。

b. 依据清单，领取设备和材料，并检查设备外观。

② 施工　在此阶段，主要完成以下5项任务：

a. 依据系统设计和系统接线图，安装与连接设备。

b. 对安装完成的系统设备进行自检。

c. 安装完成后，系统通电检查。

d. 依据功能需求，设置系统设备参数，调试系统功能。

e. 功能调试完成后，填写调试报告。

（3）系统设备及材料清单　视频监控及周界防范系统的设备清单及材料清单如表3-9和表3-10所列。

表 3-9　视频监控及周界防范系统的设备清单

序号	名称	型号	数量	备注
1	NVR 硬盘录像机	DS-7TH08N-KHV	1 台	
2	红外阵列半球网络摄像机	DS-2CD23TH13-KHV	1 个	
3	红外点阵筒型网络摄像机	DS-2CD2TH13WD-KHV	1 个	
4	智能球型摄像机	DS-2DE6TH13IY-KHV	1 个	
5	红外筒型网络摄像机	DS-2CD26TH52F-KHV	1 个	
6	摄像机支架	DS-1212ZJ	1 个	
7	高速球支架	320×190×105	1 个	
8	VGA 成品线	两头 D 型 15 针 1.2m	1 根	
9	液晶监视器	MC-14	1 台	
10	主动红外对射报警器	DS422i-CHI	1 对	
11	门磁	HO-03	1 对	
12	声光报警器	HC-103	1 个	
13	以太网交换机	KN-1024P+	1 台	

表 3-10　视频监控及周界防范系统的材料清单

序号	名称	型号	数量	备注
1	电源线			
2	信号线			
3	超五类双绞线			
4	RJ45 水晶头			
5	PVC 线槽			
6	螺钉、螺母			
7	尼龙扎带			

（4）系统设备安装及连接　为了能够正确安装系统设备，应在实训之前，仔细阅读系统设备的安装方法。为了能够保证实训的安全进行，在实训过程中要注意安全操作、安全用电。视频监控及周界防范系统主要设备的安装步骤如下。

① 液晶监视器　液晶监视器放置在实训装置中管理中心的机柜中。

参考系统接线图，连接液晶监视器与网络硬盘录像机。液晶监视器与网络硬盘录像机连接时，要使用专用的 VGA 线缆。

② 网络硬盘录像机　网络硬盘录像机放置在实训装置中管理中心的机柜中监视器下方，并将其固定到托板上。

参考系统接线图，连接网络硬盘录像机与其外围设备。网络硬盘录像机与液晶监视器连接时，要使用专用的 VGA 线缆；网络硬盘录像机与网络摄像机和以太网交换机连接时，要使用超五类网线；网络硬盘录像机与周界防范设备连接时，要使用专用的连接端口，电源采用 23 芯电源导线。

③ 网络智能高速球摄像机　网络智能高速球摄像机的安装位置是在实训装置中智能大楼房间的右侧网孔板的外侧。网络智能高速球摄像机的安装方法如下：

a. 把网络智能高速球摄像机的电源线、网线穿过网络智能高速球摄像机支架，并将支架固定到智能大楼外侧面的网孔板上。

b. 将网络智能高速球摄像机的电源线、网线接到网络智能高速球摄像机的对应接口内。

c. 将网络智能高速球摄像机固定到支架上。

参考系统接线图，连接网络智能高速球摄像机与网络硬盘录像机。网络智能高速球摄像机与网络硬盘录像机连接时，要使用超五类网线。

④ 红外阵列半球网络摄像机　红外阵列半球网络摄像机的安装位置是在实训装置中智能小区房间的顶部网孔板左侧。红外阵列半球网络摄像机的安装方法如下：

a. 将摄像机的支架固定到智能小区的顶部网孔板左边。

b. 将红外阵列半球摄像机固定到摄像支架上，并调整镜头对准智能小区出口。

参考系统接线图，连接红外阵列半球网络摄像机与网络硬盘录像机。红外阵列半球网络摄像机与网络硬盘录像机连接时，要使用超五类网线。

⑤ 红外点阵筒型网络摄像机　红外点阵筒型网络摄像机的安装位置是在实训装置中智能小区房间的后面网孔板右侧。红外点阵筒型网络摄像机的安装方法如下：

a. 将摄像机支架固定到智能小区的后面网孔板右边。

b. 将红外点阵筒型网络摄像机固定到摄像机支架上，并调整镜头对准楼道。

参考系统接线图，连接红外点阵筒型网络摄像机与网络硬盘录像机。红外点阵筒型网络摄像机与网络硬盘录像机连接时，要使用超五类网线。

⑥ 红外筒型网络摄像机　红外筒型网络摄像机的安装位置是在实训装置中管理中心房间的前面网孔板的右侧。红外筒型网络摄像机的安装方法如下：

a. 将红外筒型网络摄像机固定到管理中心前面网孔板的右边。

b. 将红外筒型网络摄像机固定到摄像机支架上，并调整镜头对准楼道。

参考系统接线图，连接红外筒型网络摄像机与网络硬盘录像机。红外筒型网络摄像机与网络硬盘录像机连接时，要使用超五类网线。

⑦ 主动红外对射探测报警器　红外对射探测器的安装位置是在实训装置中智能大楼房间两侧的网孔板上，位置要适中。红外对射探测器的安装方法如下：

a. 分别将红外对射探测器的发射器和接收器的挂板用螺钉固定在"智能大楼"两侧的网孔板上，位置要适中。

b. 将线缆穿过挂板及红外对射探测器连接在设备的端子上。

c. 分别将红外对射探测器的发射器和接收器对准挂板，并用螺钉固定在挂板上。

参考系统接线图，连接红外对射探测器与网络硬盘录像机。红外对射探测器与网络硬盘录像机连接时，电源采用 23 芯电源导线。

⑧ 门磁　门磁的安装位置是在实训装置中智能大楼房间门的顶部。门磁安装方法是用螺钉分别将门磁的固定端和活动端固定在智能大楼的门框和门扇上，位置要适中。

参考系统接线图，连接门磁与网络硬盘录像机。门磁与网络硬盘录像机连接时，电源采用 23 芯电源导线。

⑨ 声光报警器　声光报警器的安装位置是在实训装置中管理中心房间左侧网孔板上，安装时使用螺钉将其底座固定在网孔板上。

参考系统接线图，连接声光报警器与网络硬盘录像机。声光报警器与网络硬盘录像机连接时，电源采用 23 芯电源导线。

⑩ 制作网线　网线两端的线序标准都为 T568B，如图 3-19 所示。

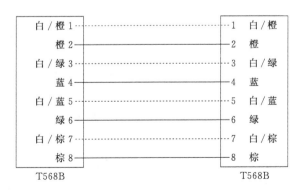

图 3-19　网线线序

网线的制作方法如下：

a. 手持网线钳（有双刀刃的面靠内；单刀刃的面靠外），将超五类线从压线钳的双刀刃面伸到单刀刃面，并向内按下压线钳的两手柄，剥取一端超五类线。

b. 按照 T568B 标准，将剥取端的 8 根线按 1-白/橙、2-橙、3-白/绿、4-蓝、5-白/蓝、6-绿、7 白/棕、8-棕的顺序排成一排。

c. 取一个 RJ45 水晶头（带簧片的一端向下，铜片的一端向上），将排好的 8 根线成一排按顺序完全插入水晶头的卡线槽。

d. 将带线的 RJ45 水晶头放入网线钳的 8P 插槽内，并用力向内按下网线钳的两手柄。

e. 按下 RJ45 水晶头的簧片，取出做好的水晶头。

f. 重复步骤 a.～e.，制作超五类线另一端 RJ45 水晶头。

g. 用 RJ45 网络测试仪测试制作好的网线，把网线两端分别插入两个 8 针的端口，然后将测试仪的电源开关打到"ON"的位置，此时测试仪的指示灯 1～8 应依次闪亮。如有灯不亮，则表示所做的跳线不合格。其原因可能是两边的线序有错，或线与水晶头的铜片接触不良，需重新压接 RJ45 水晶头或重做。

参考系统接线图，完成其他设备的安装与连接。

（5）系统功能调试　完成系统设备安装、连接后，要进行系统功能调试，调试过程就是进行参数设置的过程。

① 激活与配置网络摄像机　网络摄像机首次使用时需要进行激活并设置登录密码，才能正常登录和使用。可以通过客户端软件或浏览器等方式激活。网络摄像机出厂初始信息如下所述。

IP 地址：192.168.1.64　　　HTTP 端口：8000　　　超级管理员账户：admin

● 方式一：通过客户端软件激活与配置网络摄像机

a. 激活网络摄像机

第 1 步：安装随机光盘或从官网下载的客户端软件，运行软件后，选择"控制面板"→"设备管理"图标，将弹出"设备管理"界面，如图 3-20 所示。"在线设备"中会自动搜索局域网内的所有在线设备，列表中会显示设备类型、IP、安全状态、设备序列号等信息。

第 2 步：选中处于未激活状态的网络摄像机，单击"激活"按钮，弹出"激活"界面。设置网络摄像机密码（密码可设置为 admin12345），单击"确定"，成功激活摄像机后，列表中"安全状态"会更新为"已激活"，如图 3-21 所示。

b. 修改摄像机 IP 地址

第 1 步：选中已激活的网络摄像机，单击"修改网络参数"。

第 2 步：在弹出的页面中，修改网络摄像机的 IP 地址（摄像机 IP 地址默认改为 192.168.1～254）、网关等信息。

图 3-20　设备管理

图 3-21　激活设备

第 3 步：修改完毕后输入激活设备时设置的密码，单击"确定"。提示"修改参数成功"则表示 IP 等参数设置生效。

若网络中有多台网络摄像机，建议重复操作步骤 1～3，修改网络摄像机的 IP 地址、子网掩码、网关等信息，以防 IP 地址冲突导致异常访问。

说明：设置网络摄像机 IP 地址时，应保持设备 IP 地址与计算机 IP 地址处于同一网内。"admin"为系统管理员用户，可创建系统用户。为了系统安全性，建议使用新增的用户进行操作。

● 方式二：通过浏览器激活与配置网络摄像机

第 1 步：设置计算机 IP 地址与网络摄像机 IP 地址在同一网段，在浏览器中输入网络摄像机的 IP 地址，显示设备激活界面（密码可设置为 admin12345），如图 3-22 所示。

第 2 步：如果网络中有多台网络摄像机，请修改网络摄像机的 IP 地址，防止 IP 地址冲突导致网络摄像机访问异常。登录网络摄像机后，可在"配置-网络-TCP/IP"界面下修改网络摄像机 IP 地址、子网掩码、网关等参数。

图 3-22　浏览器激活界面

说明：设置网络摄像机 IP 地址时，应保持设备 IP 地址与计算机 IP 地址处于同一网内。"admin"为系统管理员用户，可创建系统用户。为了系统安全性，建议使用新增的用户进行操作。

② 网络硬盘录像机的激活　网络硬盘录像机（NVR）首次使用时需要进行激活并设置登录密码，才能正常登录和使用。可以通过客户端软件或浏览器等方式激活。网络硬盘录像机出厂初始信息如下所述。

IP 地址：192.168.1.64　　　　　　超级管理员账户：admin

a. 首次使用网络硬盘录像机时，开机后会弹出激活界面。

b. 在界面中，需设置

● 新密码：admin 用户的登录密码。

● IPC 激活密码：用于激活或添加 IP 设备（如网络摄像机 IPC）的密码。

c. 单击"确定"后，将弹出激活成功提示界面。

d. 单击"是"后，将进入导出 GUID 文件界面，此时可导出 GUID 文件，用以重置密码，但要注意本地只支持导出 GUID 文件到 U 盘。此处，单击"否"，退出。

补充说明：

a. 设备激活后，将进入设置解锁图案界面，可设置 admin 用户快速解锁图案。需要注意的是，解锁操作之前，需先配置解锁图案；绘制解锁图案时，每个点只能画一次，解锁图案需由 4～9 个点组成；仅 admin 用户可做解锁操作；也可单击"忘记解锁图案"或"切换用户"或连续五次绘制解锁图案错误，都将进入普通登录界面。

b. 设备启动后，可通过开机向导进行系统时间配置、网络配置、硬盘初始化、IP 通道添加等一些简单操作，以保证设备能正常工作。

网络硬盘录像机正常启动、登录后，可进行网络 IP 设备（如网络摄像机）的添加（即添加 IP 通道）、录像设置及预览、云台设置及调用、智能侦测设置、系统报警联动设置等。

③ 网络摄像机的添加　以下功能均通过网络硬盘录像机进行设置。

a. POE摄像机的添加

第1步：选择"主菜单→通道管理→通道配置"，进入通道管理的"通道配置"界面，如图3-23所示。

第2步：编辑IP通道。选择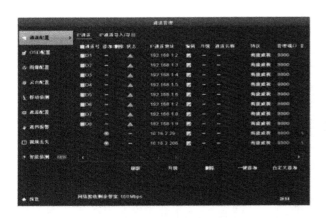或双击通道，可进入"编辑IP通道"界面。添加方式支持"即插即用"。选择"即插即用"方式，需将IP通道连接到独立的100M以太网口上或带POE供电的独立的100M以太网口上。如图3-24所示为"编辑IP通道"界面。

第3步：连接设备。设备自动修改独立以太网口IP设备的IP地址，并成功连接，如图3-25所示为"IP即插即用添加成功"界面。

图3-23　IP通道管理界面　　　　　图3-24　编辑IP通道界面

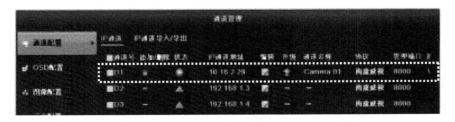

图3-25　IP即插即用添加成功界面

b. 非POE摄像机的添加

第1步：选择"主菜单→通道管理→通道配置"，进入通道管理的"通道配置"界面，如图3-23所示。

第2步：编辑IP通道。选择或双击通道，可进入"编辑IP通道"界面。添加方式选择"手动"，如图3-24所示。若选择"手动"添加方式，需将设备接入与IP通道互联的网络，选择协议添加方式与"通道配置界面下添加IP通道"相同。

第 3 步：输入 IP 通道地址（摄像机 IP 地址）、协议（海康摄像机默认为海康，其他厂家摄像机选择"ONVIF"）、管理端口（海康摄像机默认为"8000"，其他厂家摄像机选择"80"）、用户名（摄像机激活时用户名）、密码（摄像机激活时密码 admin12345），设备通道号"1"。单击"添加"，IP 设备被添加到 NVR 上。

此外，也可在预览界面，通过单击鼠标右键，在弹开的快捷菜单中选择"添加 IP 通道"，实现一键添加 IP 设备（如网络摄像机）的功能。

（6）系统的使用　以下功能均通过网络硬盘录像机进行设置。

① 录像设置

a. 手动录像设置

第 1 步：通过设备前面板"录像"键或选择"主菜单→手动操作"进入"手动录像"界面，如图 3-26 所示。

第 2 步：设置手动录像的开启/关闭。

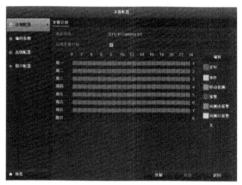

图 3-26　手动录像界面　　　　　　　　图 3-27　录像计划界面

b. 定时录像设置

第 1 步：选择"主菜单→录像配置→计划配置"，进入"录像计划"界面，如图 3-27 所示。

第 2 步：选择要设置定时录像的通道。

第 3 步：设置定时录像时间计划表。具体方法是：选择"启用录像计划"，录像类型选择"定时"，如图 3-27 所示。

第 4 步：单击"应用"，保存设置。

此外，也可在预览界面，通过单击鼠标右键，在弹开的快捷菜单中选择"开启录像"，然后选择定时录像或移动侦测录像，从而实现开启所有通道的全天录像，即实现了一键快捷录像配置的功能。需要注意的是，一键配置移动侦测录像前，需确保已成功配置所有 IP 通道的移动侦测报警。

② 回放录像　网络硬盘录像机支持即时回放、通道回放、事件回放等回放模式。下面以通道回放为例进行介绍。

a. 在单画面预览状态下，单击鼠标右键，在弹开的快捷菜单中选择"回放"，即可进入回放界面，回放当前预览通道的录像。

b. 在多画面预览状态下，在需要回放的通道上单击鼠标右键，在弹开的快捷菜单中选择"回放"，即可进入回放界面，回放鼠标所在通道的录像。

③ 云台的设置及控制

a. 云台设置

第1步：选择"主菜单→通道管理→云台配置"，进入"云台配置"界面，如图 3-28 所示。

第2步：选择"云台参数配置"，进入"云台参数配置"界面，如图 3-29 所示。

图 3-28　云台配置界面　　　　　　　　　图 3-29　云台参数配置界面

b. 云台控制操作　预览画面下，选择预览通道便捷菜单的"云台控制"，进入云台控制模式，如图 3-30 所示。

c. 预置点的设置、调用

第1步：选择"主菜单→通道管理→云台配置"，进入"云台配置"界面。

第2步：设置预置点。具体方法是：使用云台方向键将图像旋转到需要设置预置点的位置；在"预置点"框中，输入预置点号，如图 3-31 所示；单击"设置"，完成预置点的设置；重复前面的操作可设置更多预置点。

图 3-30　云台控制

第3步：调用预置点。具体方法是：进入云台控制模式（方法一："云台配置"界面下，单击"PTZ"；方法二：预览模式下，单击通道便捷菜单"云台控制"或按下前面板、遥控器、键盘的"云台控制"键）；在"常规控制"界面，输入预置点号，单击"调用预置点"，即完成预置点调用，如图 3-32 所示；重复前面的操作可调用更多预置点。

图 3-31　预置点设置界面　　　　　　　　　图 3-32　预置点调用界面

d. 巡航的设置、调用

第 1 步：选择"主菜单→通道管理→云台配置"，进入"云台配置"界面。

第 2 步：设置巡航路径。具体方法是：选择巡航路径；单击"设置"，添加关键点号；设置关键点参数，包括关键点序号、巡航时间、巡航速度等；单击"添加"，保存关键点，如图 3-33 所示；重复前面的步骤，可依次添加所需的巡航点；点击"确定"，保存关键点信息并退出界面。

第 3 步：调用巡航。具体方法是：进入云台控制模式（方法一："云台配置"界面下，单击"PTZ"；方法二：预览模式下，单击通道便捷菜单"云台控制"或按下前面板、遥控器、键盘的"云台控制"键）；在"常规控制"界面，选择巡航路径，单击"调用巡航"，即完成巡航调用，如图 3-34 所示；单击"停止巡航"，结束巡航。

图 3-33　关键点参数设置界面　　　　　　　图 3-34　巡航调用界面

e. 轨迹的设置、调用

第 1 步：选择"主菜单→通道管理→云台配置"，进入"云台配置"界面。

第 2 步：设置轨迹。具体方法是：选择轨迹序号；单击"开始记录"，操作鼠标（点击鼠标控制框内 8 个方向按键）使云台转动，此时云台的移动轨迹将被记录，如图 3-35 所示；单击"结束记录"，保存已设置的轨迹；重复前面的操作设置更多的轨迹线路。

第3步：调用轨迹。具体方法是：进入云台控制模式（方法一："云台配置"界面下，单击"PTZ"；方法二：预览模式下，单击通道便捷菜单"云台控制"或按下前面板、遥控器、键盘的"云台控制"键）；在"常规控制"界面，选择轨迹序号，单击"调用轨迹"，即完成轨迹调用，如图3-36所示；单击"停止轨迹"，结束轨迹。

图 3-35　轨迹设置界面

图 3-36　轨迹调用界面

④ 系统报警及联动

a. 报警输入设置

第1步：选择"主菜单→系统配置→报警配置"，进入"报警配置"界面。

第2步：选择"报警输入"属性，进入报警配置的"报警输入"界面，如图3-37所示。

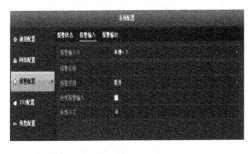

图 3-37　报警配置的报警输入界面

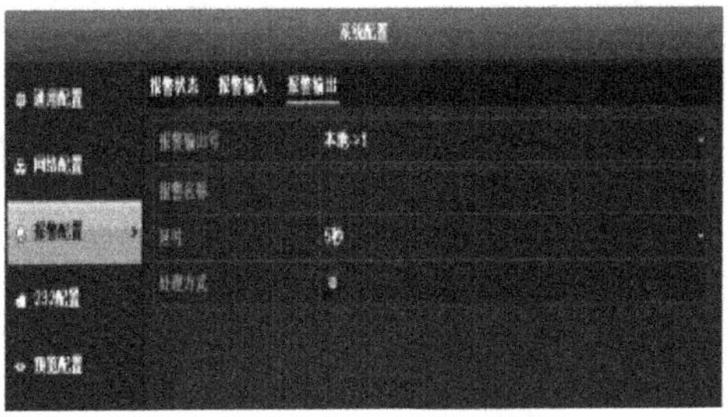

图 3-38　报警输出界面

第3步：设置报警输入参数。具体参数如下述。

报警输入号：选择设置的通道号。

报警类型：选择实际所接器件类型（门磁、红外对射属于常闭型）。

处理报警输入：打勾。

处理方式：根据实际选择，在选择 PTZ 选项时可以进行智能球机联动。

b. 报警输出设置

第 1 步：选择"主菜单→系统配置
→报警配置"，进入"报警配置"界面。

第 2 步：选择"报警输出"属性页，
进入报警配置的"报警输出"界面，如
图 3-38 所示。

第 3 步：选择待设置的报警输出号，
设置报警名称和延时时间。

第 4 步：单击"布防时间"右面的
命令按钮。进入报警输出"布防时间"
界面，如图 3-39 所示。

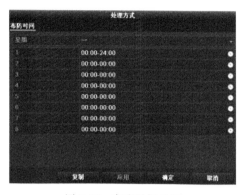

图 3-39　布防时间界面

第 5 步：对该报警输出进行布防时间段设置。

第 6 步：重复以上步骤，设置整个星期的布防计划。

第 7 步：单击"确定"，完成报警输出的设置。

⑤ 智能侦测　选择"主菜单→通道管理→智能侦测"，进入"智能侦测"配置
界面，如图 3-40 所示；然后，选择人脸侦测设置通道的智能侦测报警模式。

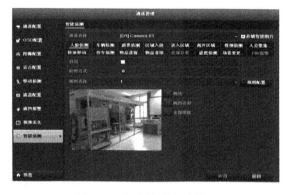

图 3-40　智能侦测配置界面

图 3-41　人脸侦测规则配置界面

a. 人脸侦测　人脸侦测功能可用于侦测场景中出现的人脸，NVR 人脸侦测配
置具体步骤如下所述。

第 1 步：选择"主菜单→通道管理→智能侦测"，进入"智能侦测"配置界面。

第 2 步：设置需要人脸侦测的通道。

第 3 步：设置人脸侦测规则。具体步骤是：在规则下拉列表中，选择任一规
则，人脸侦测只能设置 1 条规则；单击"规则配置"，进入人脸侦测"规则配置"
界面，如图 3-41 所示；设置规则的灵敏度，灵敏度有 1～5 档可选，数值越小，侧
脸或者不够清晰的人脸越不容易被检测出来，用户需要根据实际环境测试调节；单

击"确定",完成人脸侦测规则的设置。

　　第4步：设置规则的处理方式。具体步骤是：单击"处理方式"，进入处理方式的"触发通道"界面，如图3-42所示；选择"布防时间"属性页，进入处理方式的"布防时间"界面，如图3-43所示，设置人脸侦测的布防时间；选择"处理方式"属性页，进入"处理方式"界面，如图3-44所示，设置报警联动方式。

图3-42　处理方式的
触发通道界面

图3-43　处理方式的
布防时间界面

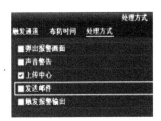
图3-44　处理方式界面

　　第5步：绘制规则区域。单击绘制按钮，在需要智能监控的区域，绘制规则区域。

　　第6步：单击"应用"，完成配置。

　　第7步：勾选"启用"，启用人脸侦测功能。

　　b. 越界侦测　越界侦测可侦测视频中是否有物体跨越设置的警戒面，根据判断结果联动报警。具体操作步骤如下所述。

　　第1步：选择"主菜单→通道管理→智能侦测"，进入"智能侦测"配置界面。

　　第2步：选择"越界侦测"，进入"智能侦测越界侦测配置"界面，如图3-45所示。

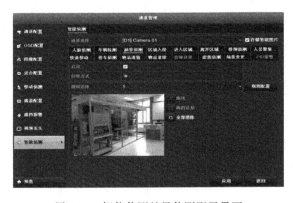
图3-45　智能侦测越界侦测配置界面

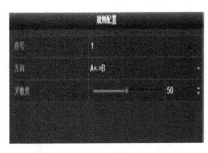
图3-46　越界侦测规则配置界面

　　第3步：设置需要越界侦测的通道。

　　第4步：设置越界侦测规则。具体步骤是：在规则下拉列表中，选择任一规则；单击"规则配置"，进入越界侦测"规则配置"界面，如图 3-46 所示；设置规则的方向和灵敏度；单击"确定"，完成对越界侦测规则的设置。

其中，方向有"A＜－＞B（双向）""A－＞B""B－＞A"三种可选，是指物体穿越越界区域触发报警的方向。"A－＞B"表示物体从 A 越界到 B 时将触发报警，"B－＞A"表示物体从 B 越界到 A 时将触发报警，"A＜－＞B"表示双向触发报警。灵敏度是用于设置控制目标物体的大小，灵敏度越高时越小的物体越容易被判定为目标物体，灵敏度越低时较大物体才会被判定为目标物体。灵敏度可设置区间范围为：1～100。

第 5 步：设置规则的处理方式。

第 6 步：绘制规则区域。单击绘制按钮，在需要智能监控的区域，绘制规则区域。

第 7 步：单击"应用"，完成配置。

第 8 步：勾选"启用"，启用越界侦测功能。

c. 区域入侵侦测　区域入侵侦测功能可侦测视频中是否有物体进入到设置的区域，根据判断结果联动报警。具体操作步骤如下所述。

第 1 步：选择"主菜单→通道管理→智能侦测"，进入"智能侦测"配置界面。

第 2 步：选择"区域入侵侦测"，进入"智能侦测区域入侵侦测配置"界面，如图 3-47 所示。

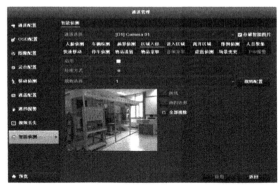
　　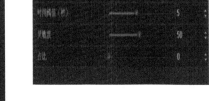

图 3-47　智能侦测区域入侵侦测配置界面　　　图 3-48　区域入侵侦测规则配置界面

第 3 步：设置需要区域入侵侦测的通道。

第 4 步：设置区域入侵侦测规则。具体步骤是：在规则下拉列表中，选择任一规则，区域入侵侦测可设置 4 条规则；单击"规则配置"，进入区域入侵侦测"规则配置"界面，如图 3-48 所示；设置规则参数；单击"确定"，完成对区域入侵规则的设置。

其中，在规则参数中，时间阈值（秒，s）是表示目标进入警戒区域持续停留该时间后产生报警。例如设置为 5s，即目标入侵区域 5s 后触发报警。可设置范围

1~10s。灵敏度是用于设置控制目标物体的大小，灵敏度越高时越小的物体越容易被判定为目标物体，灵敏度越低时较大物体才会被判定为目标物体。灵敏度可设置区间范围为：1~100。占比是表示目标在整个警戒区域中的比例，当目标占比超过所设置的占比值时，系统将产生报警；反之不产生报警。

第5步：设置规则的处理方式。

第6步：绘制规则区域。单击绘制按钮，在需要智能监控的区域，绘制规则区域。

第7步：单击"应用"，完成配置。

第8步：勾选"启用"，启用区域入侵侦测功能。

d. 进入区域侦测　进入区域侦测功能可侦测是否有物体进入设置的警戒区域，根据判断结果联动报警。具体操作步骤如下所述。

第1步：选择"主菜单→通道管理→智能侦测"，进入"智能侦测"配置界面。

第2步：选择"进入区域侦测"，进入"区域侦测配置"界面，如图3-49所示。

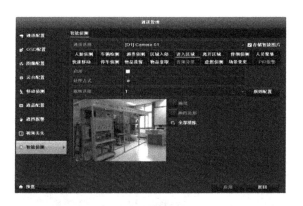
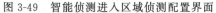

图3-49　智能侦测进入区域侦测配置界面　　图3-50　进入区域侦测规则配置界面

第3步：设置需要进入区域侦测的通道。

第4步：设置进入区域侦测规则。具体步骤是：在规则下拉列表中，选择任一规则，进入区域侦测可设置4条规则；单击"规则配置"，进入区域侦测"规则配置"界面，如图3-50所示；设置规则的灵敏度；单击"确定"，完成对进入区域规则的设置。

其中，规则的灵敏度是用于设置控制目标物体的大小，灵敏度越高时越小的物体越容易被判定为目标物体，灵敏度越低时较大物体才会被判定为目标物体。灵敏度可设置区间范围为：1~100。

第5步：设置规则的处理方式。

第6步：绘制规则区域。单击绘制按钮，在需要智能监控的区域，绘制规则区域。

第7步：单击"应用"，完成配置。

第8步：勾选"启用"，启用进入区域侦测功能。

e. 离开区域侦测　离开区域侦测功能可侦测是否有物体离开设置的警戒区域，根据判断结果联动报警。具体操作步骤如下所述。

第1步：选择"主菜单→通道管理→智能侦测"，进入"智能侦测"配置界面。

第2步：选择"离开区域侦测"，进入"智能侦测离开区域侦测配置"界面，如图3-51所示。

第3步：设置需要离开区域侦测的通道。

第4步：设置离开区域侦测规则。具体步骤是：在规则下拉列表中，选择任一规则，离开区域侦测可设置4条规则，单击"规则配置"，进入离开区域侦测"规则配置"界面，如图3-52所示；设置规则灵敏度；单击"确定"，完成对离开区域侦测规则的设置。

其中，灵敏度是用于设置控制目标物体的大小，灵敏度越高时越小的物体越容易被判定为目标物体，灵敏度越低时较大物体才会被判定为目标物体。灵敏度可设置区间范围为：1~100。

第5步：设置规则的处理方式。

第6步：绘制规则区域。单击绘制按钮，在需要智能监控的区域，绘制规则区域。

第7步：单击"应用"，完成配置。

第8步：勾选"启用"，启用离开区域侦测功能。

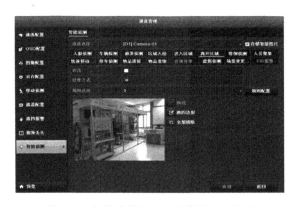
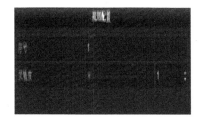

图3-51　智能侦测离开区域侦测配置界面　　　图3-52　离开区域侦测规则配置界面

f. 物品遗留侦测　物品遗留侦测功能用于检测所设置的特定区域内是否有物品遗留，当发现有物品遗留时，相关人员可快速对遗留的物品进行处理。具体操作步骤如下所述。

第1步：选择"主菜单→通道管理→智能侦测"，进入"智能侦测"配置界面。

第2步：选择"物品遗留侦测"，进入"智能侦测物品遗留侦测配置"界面，如图 3-53 所示。

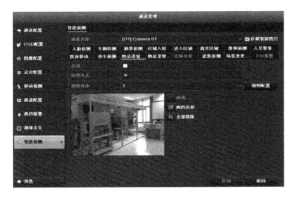 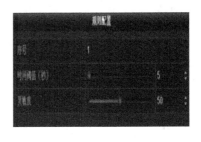

图 3-53　智能侦测物品遗留侦测配置界面　　　图 3-54　物品遗留侦测规则配置界面

第 3 步：设置需要物品遗留侦测的通道。

第 4 步：设置物品遗留侦测规则。具体步骤是：在规则下拉列表中，选择任一规则；单击"规则配置"，进入物品遗留侦测"规则配置"界面，如图 3-54 所示；设置规则的时间阈值和灵敏度；单击"确定"，完成对物品遗留侦测规则的设置。

其中，时间阈值（s）是表示目标进入警戒区域持续停留该时间后产生报警。例如设置为 20s，即目标入侵区域 20s 后触发报警。可设置范围 5～3600s。灵敏度是用于设置控制目标物体的大小，灵敏度越高时越小的物体越容易被判定为目标物体，灵敏度越低时较大物体才会被判定为目标物体。灵敏度可设置区间范围为：0～100。

第 5 步：设置规则的处理方式。

第 6 步：绘制规则区域，单击绘制按钮，在需要智能监控的区域，绘制规则区域。

第 7 步：单击"应用"，完成配置。

第 8 步：勾选"启用"，启用物品遗留侦测功能。

g. 物品拿取侦测　物品拿取侦测功能用于检测所设置的特定区域内是否有物品被拿取，当发现有物品被拿取时，相关人员可快速对意外采取措施，降低损失。物品拿取侦测常用于博物馆等需要对物品进行监控的场景。具体操作步骤如下所述。

第 1 步：选择"主菜单→通道管理→智能侦测"，进入"智能侦测"配置界面。

第 2 步：选择"物品拿取侦测"，进入"智能侦测物品拿取侦测配置"界面，如图 3-55 所示。

第 3 步：设置需要物品拿取侦测的通道。

第 4 步：设置物品拿取侦测规则。具体步骤是：在规则下拉列表中，选择任一规则；单击"规则配置"，进入物品拿取侦测"规则配置"界面，如图 3-56 所示；

设置规则的时间阈值和灵敏度；单击"确定"，完成对物品拿取侦测规则的设置。

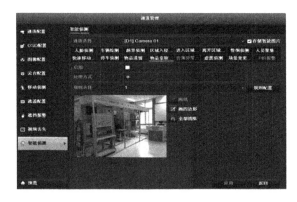
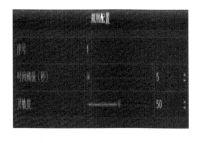

图 3-55　智能侦测物品拿取侦测配置界面　　图 3-56　物品拿取侦测规则配置界面

　　其中，规则的参数中，时间阈值（s）是表示目标进入警戒区域持续停留该时间后产生报警。例如设置为 20s，即目标入侵区域 20s 后触发报警。可设置范围 20～3600s。灵敏度：用于设置控制目标物体的大小，灵敏度越高时越小的物体越容易被判定为目标物体，灵敏度越低时较大物体才会被判定为目标物体。灵敏度可设置区间范围为：0～100。

　　第 5 步：设置规则的处理方式。

　　第 6 步：绘制规则区域。单击绘制按钮，在需要智能监控的区域，绘制规则区域。

　　第 7 步：单击"应用"，完成配置。

　　第 8 步：勾选"启用"，启用物品拿取侦测功能。

4. 系统常见故障分析

系统常见故障分析如下所述。

（1）现象：网络摄像机图像没有信号或无法控制。

原因分析：a. 网线接触不良；b. NVR 参数设置不正确；c. NVR 或摄像机网口坏了。

排除方法：a. 检查连接网线；b. 检查并修改 NVR 参数；c. 更换摄像机或NVR 网口。

（2）现象：液晶显示器不亮或没信号。

原因分析：a. 电源线没接好；b. VGA 线缆接触不良或坏了；c. 信号通道设置错误。

排除方法：a. 检查电源线；b. 检查或更换 VGA 线缆；c. 检查并调整信号通道。

（3）现象：上电后，声光报警器鸣叫。

原因分析：a. 门磁开关坏了；b. 红外对射没有对好或线路接错；c. NVR 参数设置错误。

排除方法：a. 更换门磁开关；b. 调整好红外对射或检查并正确连接红外对射；c. 检查并修改 NVR 参数。

（4）现象：报警发生时，不报警。

原因分析：a. 报警器坏了；b. 检查报警器电气回路。

排除方法：a. 更换报警器；b. 检查并正确连接报警器。

（5）现象：门磁报警失效。

原因分析：门磁开关损坏。

排除方法：更换门磁开关。

（6）现象：网络摄像机升级失败。

原因分析：a. 远程升级时，网络不佳；b. 升级程序与所使用的网络摄像机不匹配。

排除方法：a. 检查并调整网络连接至正常状态；b. 选择与之型号匹配的升级程序。

（7）现象：网络摄像机预览画面模糊、看不清画面。

原因分析：镜头盖未去除薄膜或有脏物。

排除方法：检查并去除镜头盖、清理脏物。

（8）现象：智能球摄像机能进行变倍控制，不能进行云台控制。

原因分析：智能球摄像机未去除球芯保护贴纸。

排除方法：去除保护贴纸再重新上电。

（9）现象：网络正常，但不能预览图像。

原因分析：a. 预览所需的 IE 控件未安装，部分拦截软件会阻止 IE 控件的下载；b. 跨路由器访问时，路由器配置有问题；c. 达到预览路数上限；d. 网络带宽不足。

排除方法：a. 检查预览所需的 IE 控件，更改软件拦截的范围，下载并安装预览所需的 IE 控件；b. 跨路由器访问时，启用 UpnP，或者在路由器上手动映射 80、8000、554 端口；c. 检查设备是否已达到预览路数上限，若达到预览上限将无法增加预览；d. 检查网络带宽是否充足，若带宽不足可减少预览路数。

【项目小结】

视频监控系统的主要功能是通过摄像机及其辅助设备来监控、记录现场的情况，使管理人员在控制室便能看到建筑物内外重要区域的情况，扩展了保安系统的视野，从而大大加强了安保的效果；同时，报警现场情况的记录，还可作为证据和用于分析案情。

视频监控系统一般由摄像、传输、控制、显示与记录四部分组成。

本套实训装置实现了视频监控和入侵报警两个系统集成和报警联动，能够完成对智能大楼门口、智能小区、管理中心等区域的录像、视频监视、智能侦查及报警联动录像。在项目实训过程中，培养了学生的团队协作能力、计划组织能力、楼宇设备安装与调试能力、工程实施能力、职业素养和交流沟通能力等。

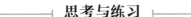

思考与练习

1. 简述视频监控系统的组成。
2. 简述视频监控及周界防范实训系统的系统构成及工作原理。
3. 绘制视频监控及周界防范实训系统的系统接线图。
4. 简述视频监控及周界防范实训系统主要设备及其端口的功能。
5. 总结实训中遇到的故障及解决方法。

项目 4
消防报警联动系统集成

【项目引导】

在智能楼宇体系中，消防报警联动系统是一个独立的子系统，它对于保障智能建筑的消防安全起着极其重要的作用。智能楼宇一般都是高层建筑、重要建筑、公共设施等，这些建筑物如果发生火灾，后果将会很严重。这类建筑的起火原因复杂，火势蔓延途径多，人员疏散困难，消防人员扑救难度大。消防自动报警系统能及时发现和通报火情，并采取有效措施控制和扑灭火灾，从而减少因火灾而造成的损失。

通过本项目的学习，应达到以下知识和技能目标：

- 掌握消防系统的组成及应用。
- 能够描述消防系统的构成，并能够认知其主要设备。
- 能够描述实训装置中的消防报警联动系统结构及工作原理。
- 能够正确使用实训装置中的消防报警联动系统，并进行简单的系统设计。
- 能够正确完成实训装置中消防报警联动系统的设备安装、系统功能调试，并能进行故障分析及排除。

【项目相关知识】

本项目主要涉及消防系统，以下将针对消防系统进行概况性介绍。

一、消防系统概述

智能楼宇的消防系统也是智能楼宇体系的一部分。对于智能楼宇，在人力防范的基础上，必须依靠先进的科学技术，建立先进的、行之有效的自动化消防系统，把火灾消灭在萌芽状态，最大限度地保障智能建筑内部人员、财产的安全，把损失控制在最低限度。

1. 消防系统的组成

一个完整的消防系统由三个子系统组成：火灾自动报警系统、灭火自动控制系统和避难诱导系统。

（1）火灾自动报警系统　火灾自动报警系统的作用是实现对火情的探测并及时报警，主要由火灾探测器、手动报警按钮、火灾报警控制器、警报器等构成。其中，火灾探测器是火灾自动报警装置最关键的部件之一，它就像火灾自动报警系统的"眼睛"，火灾自动报警信号主要由它发出；火灾报警控制器是火灾信息处理和报警控制的核心，最终通过联动控制装置实施消防控制和灭火操作。火灾的早期发现并报警是至关重要的，因此火灾自动报警系统是非常重要的消防设施。

（2）灭火自动控制系统　灭火自动控制系统的作用是灭火，由各种现场消防设备及控制装置构成。按照使用功能，现场消防设备可以分为三大类：灭火装置、灭火辅助装置和信号指示系统。灭火装置包括各种介质，如液体、气体、干粉的喷洒装置，直接用于扑火。灭火辅助装置是指用于限制火势、防止火灾扩大的各种设施，如防火门、防火卷帘、挡烟垂壁等。信号指示系统包括用于报警并通过灯光与声响来指挥现场人员的各种设备。

控制现场消防设备的相关消防联动控制装置主要有室内消火栓系统的控制装置、自动喷水灭火系统的控制装置、卤代烷/二氧化碳等气体灭火系统的控制装置、电动防火门/防火卷帘等防火分割设备的控制装置、通风/空调/防烟/排烟设备及电动防火阀的控制装置、电梯的控制装置、断电控制装置、备用发电控制装置、火灾事故广播系统及其设备的控制装置、消防通信系统/火警电铃/火警灯等现场声光报警控制装置、事故照明装置等。在建筑物防火工程中，消防联动可以由上述部分或全部控制装置组成。

（3）避难诱导系统　避难诱导系统的作用是当火灾发生时，引导人员逃生，主要由事故照明装置、避难诱导灯等组成。

消防系统的组成如图 4-1 所示。

2. 消防系统的功能

（1）消防系统能实现监测、报警和灭火的自动化。

（2）在火灾初期，将燃烧产生的烟雾、热量、火焰等，通过火灾探测器变成电信号，传输到火灾报警控制器，及时发出声光报警，同时显示出火灾发生的部位、时间等，使人们能够及时发现了解火情。

（3）在火灾报警控制器的控制下，及时采取有效措施。灭火自动控制系统启动消防灭火设备，扑灭初期火灾；并通过消防联动控制装置控制事故照明和避难诱导灯，打开广播，引导人员疏散；启动消防给水和排烟设施等，以最大限度减少因火灾造成的生命和财产损失。

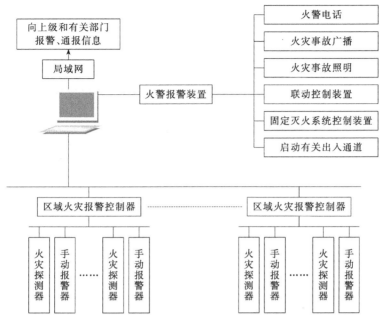

图 4-1　消防系统的组成

二、火灾探测器

火灾探测器是指用来响应其附近区域由火灾产生的物理和（或）化学现象的探测器件。火灾探测器是火灾自动报警系统的传感部分，是自动触发装置。它能自动发出火灾报警信号，将现场火灾信号（如烟雾、温度、光等）转换成电气信号，并将其传送到火灾报警控制器。火灾探测器是火灾探测的主要器件，它安装在监控现场，可形象地称为"消防哨兵"，用以监测现场火情。

1. 火灾探测器的分类

目前研究和应用的火灾探测方法和原理主要有空气离子化法、热量（温度）检测法、火焰（光）检测法、可燃气体检测法等。

根据探测方法和原理的不同，火灾探测器可分为感烟式、感温式、感光式、可燃气体探测式和复合式五种类型。每种类型中又可以分为不同的形式，具体的分类如图 4-2 所示。

2. 感温式火灾探测器

感温式火灾探测器是应用较普遍的火灾探测器之一，它是一种响应异常温度、温升速率和温差等参数的火灾探测器，非常适用于一些产生大量的热而无烟或产生少量烟的火灾报警。按其工作原理，感温式火灾探测器可分为定温式火灾探测器、差温式火灾探测器和差定温式火灾探测器三种。

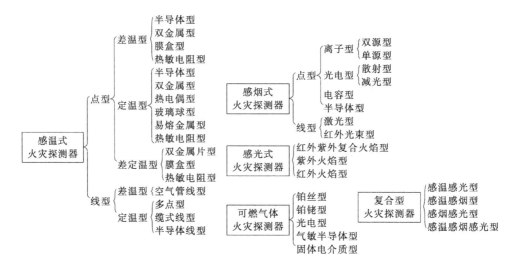

图 4-2　火灾探测器分类

① 定温式火灾探测器　一般用于环境温度变化较大或环境温度较高的场所，用来检测火灾发生时温度的异常升高。它是预先设定温度值，在规定时间内当温度达到或超过预定值时响应的感温式火灾探测器。它有线型和点型两种结构。其中，线型定温式火灾探测器是当局部环境温度上升达到或超过规定值时，可熔绝缘物熔化使两导线短路，从而产生火灾报警信号；点型定温式火灾探测器利用双金属片、易熔金属、热敏电阻、半导体等元件，在规定的温度值上产生火灾报警信号，最常用的类型为双金属定温式点型火灾探测器，常用结构形式有圆筒状和圆盘状两种。

② 差温式火灾探测器　差温式火灾探测器是当火灾发生，室内温度升高速率达到预定值时响应的探测器，常用于火灾发生时温度快速变化的场所。它有线型和点型两种结构。其中，线型差温式火灾探测器是根据广泛的热效应而响应；点型差温式火灾探测器是根据局部的热效应而响应，主要感温器件是热敏半导体电阻元件等。差温式火灾探测器的结构主要有机械式、电子式和空气管线型等类型。

③ 差定温式火灾探测器　差定温式火灾探测器是兼有差温和定温两种功能的感温探测器，当其中某一种功能失效时，另一种功能仍能起作用，因而大大提高了可靠性，使用广泛。差定温式火灾探测器一般是热敏半导体电阻式等点型组合式探测器。差定温式火灾探测器的结构有机械式和电子式两种类型。

3. 感烟式火灾探测器

感烟式火灾探测器是应用较普遍的火灾探测器之一，它对燃烧或热解产生的固体或液体微粒予以响应，可以探测物质燃烧初期产生的气溶胶（直径为 0.01～0.1pm 的微粒）或烟粒子浓度，并将探测部位浓度的变化转换为电信号以实现报警目的。感烟式火灾探测器适用于火灾前期和早期报警。

常用的感烟式火灾探测器主要有离子式感烟火灾探测器、光电式感烟火灾探测器和（红外光束/激光）线型感烟火灾探测器三种。

① 离子式感烟火灾探测器　离子式感烟火灾探测器是利用烟雾离子改变电离室电离电流的原理而设计的，即电离室离子流的变化基本正比于进入电离室的烟雾浓度。其工作原理是：在电离室内含有少量放射性物质（放射性元素"镅241"），射线使局部空气成电离状态，可使电离室内空气成为导体，即将空气电离形成正、负离子，允许一定电流在两个电极之间的空气中通过。正常情况下，电离室在电场的作用下，正、负离子呈有规则运动，使电离室形成离子电流。当烟粒子进入电离室时，被电离的正离子和负离子吸附到烟雾粒子上，使正离子和负离子相互中和的概率增加，这样就使到达电极的有效离子数减少。另外，由于烟粒子的作用，射线被阻挡，电离能力降低，电离室内产生的正、负离子数减少，这些变化导致电离电流减少。当其减少到一定值时，控制电路动作，发出报警信号。此报警信号传输给报警器，就实现了火灾自动报警。

离子式感烟火灾探测器从结构上有双源双室和单源双室之分。双源双室探测器是由两块性能一致的放射源制成相互串联的两个电离室和电子线路组成的火灾探测装置，其中一个电离室开孔，烟雾可以进入，称为采样电离室；另一个电离室是封闭的，烟雾不能进入，称为参考电离室。单源双室探测器是利用一个放射源形成两个电离室，参考电离室包含在采样电离室中，在电路上，两个电离室同样是串联的。单源双室探测器与双源双室探测器相比，具有工作稳定、环境适应能力强、灵敏度调节连续且简单以及放射源少的明显优点。

② 光电式感烟火灾探测器　光电式感烟火灾探测器是利用烟雾能够改变光的传播特性的原理而设计的。根据烟雾对光的吸收和散射作用，光电式感烟火灾探测器可分为散射式和减光式两种。散射式感烟火灾探测器是利用光散射原理对火灾初期产生的烟雾进行探测，并及时发出报警信号。当有烟雾时，光通过烟雾粒子的散射到达光敏元件上，光信号转换为电信号。当烟雾粒子浓度达到一定值时，散射光的能量所产生的电流经过放大电路，就能驱动报警装置，发出火灾报警信号。减光式感烟火灾探测器是由一个光源（灯泡或发光二极管）和一个光敏元件（硅光电池）对应安装在小暗室里，在正常（无烟）时，光源发出的光通过透镜聚成光束，照射到光敏元件上，并将其转换成电信号，使电路维持正常状态不报警。当发生火灾有烟雾时，光源发出的光线受烟雾的散射和吸收，光敏元件接收的光强明显减弱，电路正常状态被破坏，发出报警信号。

离子式和光电式感烟火灾探测器相比较，离子式感烟火灾探测器和光电式感烟火灾探测器的工作原理不同，性能特点也各有所长，如表4-1所列；离子式感烟火灾探测器比光电式感烟火灾探测器具有更好的外部适应性，适用于大多数现场条件复杂的场所；光电式感烟火灾探测器比较适合外界环境单一或有特殊要求的场所。

表 4-1　离子式感烟火灾探测器和光电式感烟火灾探测器的性能比较

序号	基本性能	离子式感烟火灾探测器	光电式感烟火灾探测器
1	对燃烧产物颗粒大小的要求	无要求,均适合	对大颗粒敏感
2	对燃烧产物颜色的要求	无要求,均适合	适合于白烟、浅烟
3	对燃烧方式的要求	适合于明火、炽热火	适合于阴燃火
4	大气环境(温度、湿度、风速)的变化	适应性差	适应性好
5	探测器安装高度的影响	适应性好	适应性差
6	对可燃物的选择	适应性好	适应性差

③ 线型感烟火灾探测器　线型感烟火灾探测器是一种对探测范围内某一线状窄条周围的烟气参数响应的探测器。它具有监视范围广、保护面积大、适用环境要求低等特点。线型感烟探测器由发射器和接收器两部分组成。其工作原理是：在正常情况下，它的发射器发送一个光束，它通过空间不受阻挡地射到接收器的光敏元件上。当发生火灾时，由于烟雾扩散到监视区内，使接收器接收到的红外光束辐射通量减弱，当辐射通量减弱到预定的感烟动作阈值时，探测器立即动作，发出火灾报警信号。它可以分为：激光型和红外线型两种，目前使用较多的是红外线型。

线型感烟火灾探测器具有保护面积大、安装位置较高、在相对湿度较高和强电场环境中反应速度快等优点，适宜保护较大空间的场所。但它对有剧烈震动的场所，有日光照射或强红外光辐射源的场所，在探测空间有一定浓度的灰尘、水气粒子且粒子浓度变化较快的场所不宜使用。

4. 其他火灾探测器

① 感光式火灾探测器　物质在燃烧时除了产生大量的烟和热外，也产生波长为 400nm 以下的紫外光、波长为 400～700nm 的可见光和波长为 700nm 以上的红外光。由于火焰辐射的紫外光和红外光具有特定的峰值波长范围，因此，感光式火灾探测器可以探测火焰辐射出的红外线、紫外线。感光式火灾探测器又称为火焰探测器，它的响应速度比感烟式、感温式火灾探测器快，它能在接收到辐射光几毫秒，甚至是几微秒内对迅速发生的火灾或爆炸及时响应，特别适用于突然起火而无烟雾的易燃易爆场所。由于感光式火灾探测器不受气流扰动的影响，是唯一能在室外使用的火灾探测器。

② 可燃气体火灾探测器　可燃气体火灾探测器简称为气体探测器，是对探测区域内的可燃气体（如氢气、甲烷、乙烷等）参数敏感响应的探测器。它主要用于炼油厂、化工厂、汽车库、燃气站等易燃易爆场所。

③ 复合型火灾探测器　复合型火灾探测器是可以响应两种或两种以上火灾参数的探测器，它是将两种工作原理进行优化组合，提高了可靠性，降低了误报率。通常有感烟感光型、感温感光型、感烟感温型、红外光束感烟感光型、感烟感温感

光型等复合探测器。

④ 智能型火灾探测器 智能型火灾探测器是本身具有探测、判断处理能力的探测器。它由探测器和微处理器构成。在微处理器中预设了一些火情判定规则，可以根据探测器探测到的信息进行计算处理、分析判断，结合火势很弱、弱、一般、强、很强的不同程度，再根据预设的有关规则，然后发出不同的报警信号。这样，就能准确报警，并采取有效的灭火措施。

5. 火灾探测器的命名规则

火灾报警产品按照国家规定进行命名，国标型号产品从名称就可以看出产品类型及特征。火灾探测器产品型号的构成如图 4-3 所示，各部分字母含义如表 4-2 所列。

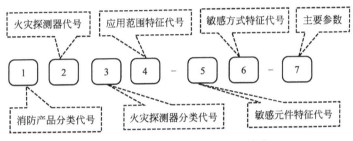

图 4-3　火灾探测器产品型号的构成

表 4-2　火灾探测器产品型号构成的各部分字母的含义

序号	物　理　意　义
1	J—消防产品中火灾报警设备分类代号
2	T—火灾探测器代号
3	火灾探测器分类代号： Y—感烟式火灾探测器；W—感温式火灾探测器；G—感光式火灾探测器； Q—可燃气体探测器；F—复合式火灾探测器
4	应用范围特征代号： B—防爆型；C—船用型；非防爆或非船用型可以省略，无须注明
5、6	探测器特征代号（敏感元件、敏感方式特征代号）： LZ—离子；MD—膜盒定温；GD—光电；MC—膜盒差温；SD—双金属定温； MCD—膜盒差定温；SC—双金属差温；GW—感光感温；GY—感光感烟； YW—感烟感温；HS—红外光束感烟感温；BD—半导体定温；ZD—热敏电阻定温； BC—半导体差温；ZC—热敏电阻差温；BCD—半导体差定温；HC—红外感光； ZW—紫外感光；ZCD—热敏电阻差定温等
7	主要参数，一般由生产厂规定：表示探测器的灵敏度等级，灵敏度是指对被测参数的敏感程度，只是对感烟感温探测器标注，灵敏度可分为 1~3 级

例如，JTW-BC-KX03 是科学城报警设备厂生产的"半导体差温火灾报警探测器"。

6. 火灾探测器的选择

在火灾自动报警系统中，探测器的选择是非常重要的，它影响着系统的正常运行。应根据探测区域内的环境条件、火灾特点、安装高度以及场所的气流等情况，综合考虑后选用适合的探测器。确定探测器的种类后，还要按照国家规范进行合理布置，才能充分保证探测的质量。

① 火灾探测器种类的选择　火灾受可燃物质的类型、着火的性质、可燃物质的分布、着火场所的条件、新鲜空气的供给程度以及环境温度等因素的影响。一般火灾的形成可分为前期、早期、中期和后期四个阶段。前期，火灾尚未形成，只出现少量的烟，基本上未造成物质损失；早期，火灾开始形成，烟量大增，温度上升，已开始出现明火，造成一定的损失；中期，火灾已经形成，温度很高，燃烧加速，已造成了较大的物质损失；后期，火灾已经扩散，火势很大，难以扑灭，损失巨大。如果能够在火灾形成的前期、早期及时发现，就能更大程度地减少损失。因此，探测器的作用非常重要。

感烟探测器在前期、早期报警是非常有效的。凡是要求火灾损失小的重要地点，在火灾初期有阴燃阶段（即产生大量的烟和少量的热）、很少或没有火焰辐射的火灾，如棉、麻织物的引燃等，都适于选用。感烟探测器不适于选用的场所有：正常情况下有烟的场所，经常有粉尘及水蒸气等固体、液体微粒出现的场所，发火迅速、生烟极少及爆炸性的场合等。

感温探测器在火灾形成早期、中期报警非常有效。因其工作稳定，不受非火灾性烟雾、水汽、粉尘等的干扰，凡是无法使用感烟探测器、允许产生一定量的物质损失、非爆炸性的场所，都可以采用感温探测器。它特别适用于经常存在大量粉尘、烟雾、水蒸气、相对湿度经常高于95％的场所，但不宜用于可能发生阴燃的场所。

感光探测器适用于有强烈火焰辐射而仅有少量烟和热产生的火灾，如轻金属及其化合物的火灾，但不宜用于在火焰出现前有浓烟扩散、探测器的镜头易被污染/遮挡、存在电焊/X射线影响等的场所。

此外，由于各种探测器的特点不同，其适宜的房间高度也不尽相同。常用探测器对房间高度的要求如表4-3所列。

表4-3　常用探测器对房间高度的要求

房间高度 h/m	感烟探测器	感温探测器			火焰探测器
		一级	二级	三级	
$12 < h \leqslant 20$	不适合	不适合	不适合	不适合	适合
$8 < h \leqslant 12$	适合	不适合	不适合	不适合	适合
$6 < h \leqslant 8$	适合	适合	不适合	不适合	适合
$4 < h \leqslant 6$	适合	适合	适合	不适合	适合
$h \leqslant 4$	适合	适合	适合	适合	适合

各种探测器都可配合使用。如感烟与感温探测器的组合，可用于大、中型计算机房、洁净厂房及防火卷帘门的部位等。对于蔓延迅速、有大量烟和热产生、有火焰辐射的火灾，如油品燃烧，可选用三种探测器的组合。由于离子感烟探测器具有稳定性好、误报率低、寿命长、结构紧凑等优点，因而应用广泛。其他类型的探测器主要在某些特殊场合作为补充使用。

② 火灾探测器数量的确定及布置　在实际工程应用中，由于探测区域内的建筑环境不同，如房间的面积、高度、屋顶坡度各异，所以应用的火灾探测器数量及布置均有所差异。规范规定：探测区域内每个房间应至少设置一只火灾探测器。一个探测区域内所需设置的探测器的数量，应按下式计算：

$$N \geqslant \frac{S}{kA}$$

式中　N——一个探测区域内所需要设置探测器的数量，只，取整数；

S——一个探测区域内的地面面积，m^2；

A——每个探测器的保护面积，m^2，即一只探测器能有效探测的地面面积，探测器的保护半径 R 是指一只探测器能有效探测的单向最大水平距离；

k——安全修正系数，特级保护对象 k 取 $0.7 \sim 0.8$，一级保护对象 k 取 $0.8 \sim 0.9$，二级保护对象 k 取 1。

对于探测器而言，其保护面积和保护半径的大小除了与探测器的类型有关外，还会受探测区域内的房间高度、屋顶坡度的影响。感烟探测器与感温探测器的保护面积、半径与其他参量的关系如表 4-4 所列。

表 4-4　感烟探测器与感温探测器的保护面积、半径与其他参量的关系

种类	地面面积 S/m^2	房间高度 h/m	探测器的保护面积 $A(m^2)$ 和保护半径 $R(m)$					
			房顶坡度 θ					
			$\theta \leqslant 15°$		$15° < \theta \leqslant 30°$		$\theta > 30°$	
			A	R	A	R	A	R
感烟探测器	$S \leqslant 80$	$h \leqslant 12$	80	6.7	80	7.2	80	8.0
	$S > 80$	$6 < h \leqslant 12$	80	6.7	100	8.0	120	9.9
		$h \leqslant 6$	60	5.8	80	7.2	100	9.0
感温探测器	$S \leqslant 30$	$h \leqslant 8$	30	4.4	30	4.9	30	5.5
	$S > 30$	$h \leqslant 8$	20	3.6	30	4.9	40	6.3

探测器的数量还要考虑通风换气对感烟探测器的保护面积的影响。在通风换气的房间，烟的自然蔓延方式受到影响。换气越频繁，燃烧产物（烟）被空气带走的越多，烟的浓度越低，导致探测器接收的烟减少，也可以说探测器感烟灵敏度相对降低。常用的补救方法有两种：压缩每只探测器的保护面积、增大探测器的灵敏

度，但要注意防误报。

在探测区域内，探测器的分布是否合理，直接关系到探测效果的好坏。布置时，首先必须保证在探测器的有效范围内对探测区域要均匀覆盖。探测器之间的距离 $D=2R$（保护半径）；同时，要求探测器距墙壁或梁的距离不小于 0.5m。此外，火灾探测器在一些特殊的场合（如有房梁、顶棚为斜顶、楼梯间、电梯间等）的安装及与其他设备在安装距离上都有一定的规范。

三、火灾报警控制器

火灾报警控制器是火灾自动报警系统的核心组成部分，是消防系统的指挥中心。

1. 火灾报警控制器的功能

① 可以为火灾探测器供电。

② 接收火灾探测器和手动报警按钮输出的报警信号，并进行转换、处理、判断，启动报警装置，发出声、光报警，显示、记录报警的具体位置和时间，并有报警优先级别处理功能。

③ 能按预先设定的程序向联动控制器发出联动信号，启动自动灭火设备和消防联动控制设备。

④ 能自动监视系统的运行情况，对系统进行自动巡检、判断，当有故障发生时，能自动发出故障报警信号并显示故障点位置。

2. 火灾报警控制器的分类

（1）按系统组成分类　根据系统组成，火灾报警控制器可分为三类：区域火灾报警控制器、集中火灾报警控制器以及通用火灾报警控制器。

① 区域火灾报警控制器　区域火灾报警控制器是能直接接收保护空间的火灾探测器或中继器发来的报警信号的单路或多路火灾报警控制器。它的功能简单，可用于较小范围的保护。它直接连接火灾探测器，处理各种报警信息。区域火灾报警控制器可以在一定的区域内组成独立的火灾报警系统，也可以与集中火灾报警控制器连接起来，组成大型火灾报警系统，并作为集中火灾报警控制器的一个子系统。

② 集中火灾报警控制器　用于较大范围内多个区域的保护。它一般不与火灾探测器相连，而与区域火灾报警控制器相连，处理区域火灾报警控制器送来的报警信号，常用在较大型的系统中。集中火灾报警控制器能接收区域火灾报警控制器或火灾探测器等发来的报警信号，并能发出控制信号使区域火灾报警控制器工作。

③ 通用火灾报警控制器　兼有区域、集中两级火灾报警控制器的双重特点。通过设置和修改某些参数，既可以直接连接探测器作区域火灾报警控制器使用，也可以连接区域火灾报警控制器作集中火灾报警控制器使用。

（2）按系统连线方式分类　根据系统连线方式，火灾报警控制器可分为两类：

多线制火灾报警控制器、总线制火灾报警控制器。

① 多线制火灾报警控制器　探测器与控制器之间的传输线连接采用一一对应的方式，每个探测器有两根线与控制器连接，其中一条是公用地线，另一条承担供电、选通信息与自检的功能。当探测器数量较多时，连线的数量就较多。这种方式仅适用于小型火灾自动报警系统。

② 总线制火灾报警控制器　探测器与控制器的连接采用总线方式，所有探测器都并联在总线上，接线大大减少。这种方式具有安装、调试、使用都方便的特点，适用于大、中型火灾报警系统，也是目前使用最多的方式之一。

（3）按安装形式分类　根据安装形式，火灾报警控制器可分为三类：壁挂式火灾报警控制器、柜式火灾报警控制器、台式火灾报警控制器。

① 壁挂式火灾报警控制器　连接探测器回路较少，控制功能较简单，多用于系统较小、功能简单、控制点少的情况。一般区域火灾报警控制器采用这种形式。

② 台式火灾报警控制器　连接探测器回路较多，联动控制较复杂，使用操作方便，用于大型工程，对控制室面积有较大的要求。一般集中火灾报警控制器采用这种形式。

③ 柜式火灾报警控制器　可实现多回路连接，具有复杂的联动控制，用于大中型工程。一般集中火灾报警控制器采用这种形式。

柜式和台式柜体的尺寸标准为国际通用 19in（1in＝0.0254m）标准机柜，提供的安装控件以多少 U 表示其大小。

3. 火灾报警控制器的技术指标

① 容量　指能够接收火灾报警信号的回路数，用 M 表示。在选择容量时，应留有适当的余量。

② 工作电压　工作时，电压采用 220V 交流电和 24V 或 32V 直流电，备用电源优先选用 24V。

③ 输出电压及允差　输出电压是供给火灾探测器使用的工作电压，一般为直流 24V。输出电压允差不大于 0.48V。输出电流一般应大于 0.5A。

④ 空载功耗　系统处于工作状态时所消耗的电源功率，值越小越好。

⑤ 满载功耗　指当火灾报警控制器容量不超过 10 路时，所有回路均处于报警状态所消耗的功率；当容量超过 10 路时，20% 的回路（最少按 10 路计）处于报警状态所消耗的功率。

⑥ 使用环境条件　指报警控制器能够正常工作的条件，即温度、湿度、风速和气压等。

四、火灾自动报警系统

火灾自动报警系统主要由探测器、手动报警按钮、火灾报警控制器、警报器等组成。根据探测器和火灾报警控制器的使用，可以分为四种：区域火灾报警系统、集中火灾报警系统、控制中心火灾报警系统、智能火灾自动报警系统。

1. 区域火灾报警系统

区域火灾报警系统通常由区域火灾报警控制器、火灾探测器、手动火灾报警按钮、火灾报警装置等组成，系统比较简单，操作方便，易于维护，应用广泛。它既可以单独用于面积比较小的建筑，也可以作为集中报警系统和控制中心报警系统的基本组成设备。

区域火灾报警系统的设计要求：一个报警区域应设置一台区域火灾报警控制器；系统能够设置一些功能简单的消防联动控制设备；区域火灾报警控制器应设置在有人值班的房间里；当该系统用于警戒多个楼层时，应在每层楼的楼梯口和消防电梯前等明显部位设置识别报警楼层的灯光显示装置。

区域火灾报警控制器的安装应符合规范：安装在墙壁上时，其底边距地面高度为 $1.3 \sim 1.5\text{m}$，其靠近门轴的侧面墙应不小于 0.5m，正面操作距离不小于 1.2m。

区域火灾报警系统的系统结构如图 4-4 所示。

2. 集中火灾报警系统

集中火灾报警系统由集中火灾报警控制器、区域火灾报警控制器、火灾探测器、手动报警按钮、火灾报警装置及联动控制设备等组成。集中火灾报警系统功能比较复杂，常用于比较大的场合。

集中火灾报警系统的设计要求：系统应有一台集中火灾报警控制器和两台以上区域火灾报警控制器（区域显示器）；系统应设置消防联动控制设备；集中火灾报警控制器应能显示火灾报警的具体部位，并能实现联动控制；集中火灾报警控制器应设置在消防值班室。

集中火灾报警系统的系统结构如图 4-5 所示。

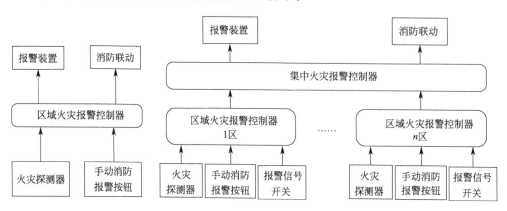

图 4-4　区域火灾报警系统结构

图 4-5　集中火灾报警系统结构

3. 控制中心火灾报警系统

控制中心火灾报警系统由消防室的消防设备、集中火灾报警控制器、区域火灾报警控制器、火灾探测器、手动报警按钮、火灾报警装置、火警电话、火灾紧急照明、火灾紧急广播及联动控制设备等组成。控制中心火灾报警系统功能复杂，多用于大型建筑群、大型综合楼、大型宾馆和饭店等。

控制中心火灾报警系统的设计要求：系统中应至少有一台集中报警控制器、一台专用消防联动控制设备和两台或两台以上区域报警控制器；或者至少设置一台火灾报警控制器、一台专用消防联动控制设备和两台或两台以上区域显示器；系统应能集中显示火灾报警部位信号和联动控制状态信号；系统中设置的集中报警控制器或火灾报警控制器和消防联动控制设备在消防控制室内的布置，应符合规范的要求。

控制中心火灾报警系统的系统结构如图 4-6 所示。

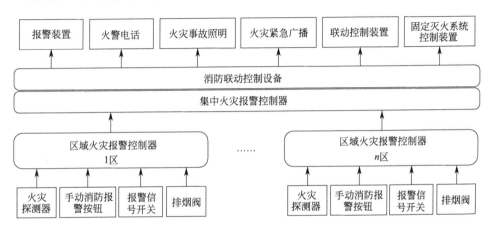

图 4-6 控制中心火灾报警系统结构

4. 智能火灾自动报警系统

智能火灾自动报警系统按照智能分布的位置，可以分为三类：探测智能报警系统、主机智能报警系统、分布智能报警系统。

（1）探测智能报警系统 智能集中在探测部分。探测器内的微处理器能够根据探测到的情况对火灾的模式进行识别，做出判断并给出报警信号，在确定自己不能可靠工作时发出故障信号。控制器在火灾探测过程中不起任何作用，只完成系统的供电、报警信号的接收、显示以及联动控制等功能。因受探测器体积小的限制，其智能化程度较低。

（2）主机智能报警系统 智能集中在控制部分。探测器只输出探测信号，该信号传送给控制器，由控制器的微机根据预先确定的策略和方法对探测信号进行分析、计算、判断并做出智能化处理。该系统的主要优点是智能化程度较高，属于集中处理方式。但主机负担重，一旦主机出现故障，则会造成系统瘫痪。

（3）分布智能报警系统　智能同时分布在探测和控制器中，把探测器智能与主机智能相结合。该系统中的探测器具有一定的智能，能够对火灾探测信号进行一些分析和智能处理，然后将智能处理的信息传输给控制器，由控制器进行进一步的智能处理，完成更复杂的处理并显示、执行处理结果。分布智能系统探测器与控制器是通过总线进行双向信息交流的。由于探测器具有一定的智能处理能力，减轻了控制器的负担，提高了系统的稳定性和可靠性。这是火灾报警技术的发展方向。

五、消防联动控制系统

消防联动控制系统是指火灾发生后进行报警疏散、灭火控制等协调工作的系统，其作用是扑灭火灾，把损失降低到最低程度。消防联动控制系统主要由通信与疏散系统、灭火控制系统、防排烟控制系统等组成。其中，通信与疏散系统由应急广播系统（平时为背景音乐系统）、事故照明系统以及避难诱导灯、消防电梯与消防控制中心的通信线路等组成；灭火控制系统由自动喷淋装置、气体灭火控制装置、液体灭火控制装置等组成；防排烟控制系统主要实现对防火门、防火阀、防火卷帘、挡烟垂壁、排烟口、排烟风机及电动安全门的控制。当火灾发生时，还需要实现非消防电源的断电控制。

1. 自动喷淋灭火系统

自动喷淋灭火系统属于固定式灭火系统，是目前广泛使用的固定式消防设施。它具有价格低廉、灭火效率高等特点。它能够在火灾发生时，自动喷洒水、液体或气体等进行灭火。

按照灭火所使用物质的性质不同，自动喷淋灭火系统可分为干式、湿式或干湿两用等系统。其中，干式是指灭火物质是干粉类物质；湿式是指灭火物质为液体类物质，如水、泡沫等。

按照灭火物质的作用方式，自动喷淋灭火系统可以分为雨淋灭火、水喷雾灭火、水幕灭火、大水滴（附加化学品）灭火等系统。对于不同的场合，需要选择与其适应的自动灭火系统，才能达到最佳的消防效果。

2. 火灾应急广播系统

火灾应急广播系统的作用是发生火灾时进行紧急广播，通知人员疏散。火灾应急广播系统在没有发生火灾时作为背景音乐广播系统，给人们提供轻松快乐的音乐、愉悦人们的心情、提高工作效率。当火灾发生时，立即自动转入紧急广播，通知发生火灾区域的人们撤离逃生。当火灾发生时，应能在消防室把公共广播强制转入火灾紧急广播，并在发生火灾的区域反复广播、指示逃生的路线等。火灾事故广播系统应设置火灾紧急广播备用扩音机，其容量不应小于需要同时广播的范围内扬声器最大容量总和的 1.5 倍。

3. 消防电话系统

消防电话系统是一种消防专用的通信系统，它的作用是向消防部门及时通报警情。通过该系统可以迅速实现对火灾的人工确认，并可及时掌握火灾现场情况和进行其他必要的通信联络，便于指挥灭火等工作。消防电话系统应为独立的消防通信系统。在与消防有关的场所，应设置专业的消防电话。在消防设备控制室、消防值班室和企业消防站等处，应设置可直接报警的外线电话，为扑灭火灾提供畅通的通信服务。

此外，还要根据保护对象的等级，在手动火灾报警按钮、消火栓报警按钮等处设置电话插孔。在安装电话插孔时，其底边距地面高度应为 1.3～1.5m。特级保护对象的各避难层应每隔 20m 设置一个火灾自动报警专用分机或电话插孔。

4. 防排烟系统

防排烟系统在整个消防联动控制系统中的作用非常重要。因为在火灾事故中造成的人身伤害，绝大多数是因为受到烟雾的毒害而窒息造成。防排烟系统能在火灾发生时，排出建筑物内的烟气，阻隔烟气以防止烟气在建筑内的扩散。在建筑物中采用的排烟方式有自然排烟、机械排烟、自然与机械组合排烟以及机械加压送风排烟等。

目前防排烟设备主要有防火门、防火卷帘、防火阀、挡烟垂壁、排烟风机、加压风机等。其中，防火卷帘门与防火垂壁的功能相同，当火灾发生时，形成门帘式防火分隔。防火卷帘应设置在建筑物中防火分区通道口处。对于防火卷帘的控制要求包括：疏散通道上的防火卷帘两侧，应设置火灾探测器及报警装置，还应设置手动控制按钮；疏散通道上的防火卷帘，在感烟探测器动作后，应根据程序自动控制卷帘下降到距地（楼）面 1.8m，并经过一定的延时后再降到地面；防火卷帘的关闭信号应送到消防控制中心。

5. 消防电梯的联动控制

电梯是高层建筑中的纵向交通工具。当火灾发生时，消防电梯供消防人员灭火和救人使用，在平时也可兼做普通电梯使用。普通电梯可根据需要不必每层都能上下；而消防电梯必须做到每层都能上下。当发生火灾时，普通电梯必须直接下降到首层，并关闭电源停止运行；而消防电梯必须有专门的供电回路，在火灾发生时，必须保证消防电梯供电，以确保其运行。

建筑物内设置消防电梯的数量是根据层建筑面积来确定的：当层建筑面积不超过 1500m² 时，设置一部消防电梯；层建筑面积在 1500～4500m² 时，需设置两部消防电梯；当层建筑面积大于 4500m² 时，应设置三部消防电梯。

【项目实训环境】

一套 THBAES 智能楼宇工程实训装置的消防报警联动系统实训装置；一套安装工具；常用线缆和线槽等辅助材料。

【项目实训任务】

任务 1　消防报警联动系统的认知

一、任务目的

(1) 能够认知消防报警联动实训系统的主要设备并能描述其功能。
(2) 能够描述消防报警联动实训系统的系统构成及工作原理。
(3) 能够绘制消防报警联动实训系统的系统结构图。

二、任务实施

1. 认知消防报警联动实训系统设备

本套实训装置中，消防报警联动系统是智能楼宇实训装置中的一个重要的组成部分，具有系统独立性。它主要由火灾报警控制器、多种消防探测器（感烟探测器、感温探测器）、消防报警按钮、输入/输出模块及模拟消防设备（模拟消防泵、模拟排烟机、模拟防火卷帘门）等组成。

（1）消防控制箱　如图 4-7 所示，消防控制箱主要由电源、继电器等设备组成，与单输入单输出模块配合使用，完成消防系统模拟机电设备控制。

（2）火灾报警控制器　如图 4-8 所示。GST200 火灾报警控制器（联动型）是海湾公司推出的新一代火灾报警控制器。为适应工程设计的需要，该控制器兼有联动控制功能，它可与海湾公司的其他产品配套使用，组成配置灵活的报警联动一体化控制系统，特别适用于中小型火灾报警及消防联动一体化控制系统。

① 指示灯　指示灯说明如表 4-5 所列

图 4-7　消防控制箱

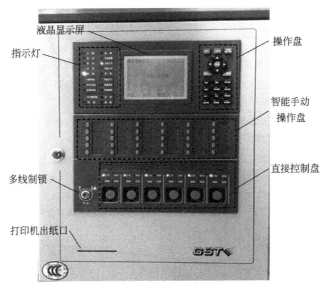

图 4-8　火灾报警控制器

表 4-5　指示灯说明

指示灯	说明
火警灯	红色,此灯亮表示控制器检测到外接探测器、手动报警按钮等处于火警状态。控制器进行复位操作后,此灯熄灭
延时灯	红色,指示控制器处于延时状态
启动灯	红色,当控制器发出启动命令时,此灯闪亮;在启动过程中,当控制器检测到反馈信号时,此灯常亮。控制器进行复位操作后,此灯熄灭
反馈灯	红色,此灯亮表示控制器检测到外接被控设备的反馈信号。反馈信号消失或控制器进行复位操作后,此灯熄灭
屏蔽灯	黄色,有设备处于被屏蔽状态时,此灯点亮,此时报警系统中被屏蔽设备的功能丧失,需要尽快恢复,并加强被屏蔽设备所处区域的人员检查。控制器没有屏蔽信息时,此灯自动熄灭
故障灯	黄色,此灯亮表示控制器检测到外部设备(探测器、模块或火灾显示盘)有故障或控制器本身出现故障。除总线短路故障需要手动清除外,其他故障排除后可自动恢复。当所有故障被排除或控制器进行复位操作后,此灯会随之熄灭
系统故障灯	黄色,此灯亮指示控制器处于不能正常使用的故障状态,需要维修
主电工作灯	绿色,控制器使用主电源供电时点亮
备电工作灯	绿色,控制器使用备用电源供电时点亮
监管灯	红色,此灯亮表示控制器检测到总线上的监管类设备报警;控制器进行复位操作后,此灯熄灭
火警传输动作/反馈灯	红色,此灯闪亮表示控制器对火警传输线路上的设备发出启动信息;此灯常亮表示控制器接收到火警传输设备反馈回来的信号;控制器进行复位操作后,此灯熄灭

指示灯	说明
火警传输故障/屏蔽灯	黄色,此灯闪亮表示控制器检测到火警传输线路上的设备故障;此灯常亮表示控制器屏蔽掉火警传输线路上的设备;当设备恢复正常后此灯自动熄灭
气体灭火喷洒请求灯	红色,此灯亮表示控制器已发出气体启动命令;启动命令消失或控制器进行复位操作后,此灯熄灭
气体灭火/气体喷洒灯	红色,气体灭火设备喷洒后,控制器收到气体灭火设备的反馈信息后此灯亮。反馈信息消失或控制器进行复位操作后,此灯熄灭
声光警报器屏蔽灯	黄色,指示声光警报器屏蔽状态。声光警报器屏蔽时,此灯点亮
声光警报器消音灯	黄色,指示报警系统内的警报器是否处于消音状态。当警报器处于输出状态时,按"警报器消音/启动"键,警报器输出将停止,同时警报器消音指示灯点亮。如再次按下"警报器消音/启动"键或有新的警报发生时,警报器将再次输出,同时警报器消音指示灯熄灭
声光警报器故障灯	黄色,指示声光警报器故障状态。声光警报器故障时,此灯点亮

② 智能手动操作盘　由手动盘和多线制构成。手动盘的每一单元均有一个按键、两只指示灯（启动灯在上，反馈灯在下，均为红色）和一个标签。其中，按键为启/停控制键，如按下某一单元的控制键，则该单元的启动灯亮，并有控制命令发出；如被控设备响应，则反馈灯亮。用户可将各按键所对应的设备名称书写在设备标签上，然后与膜片一同固定在手动盘上。

③ 多线制控制盘与多线制锁　多线制控制盘每路的输出都具有短路和断路检测的功能，并有相应的灯光指示。每路输出均有相应的手动直接控制按键。整个多线制控制盘具有手动控制锁，只有手动锁处于允许状态，才能使用手动直接控制按键。采用模块化结构，由手动操作部分和输出控制部分构成；手动操作部分包含手动允许锁和手动启/停按键。

（3）隔离器　如图 4-9 所示。它用于隔离总线上发生短路的部分，以保证总线上其他的设备能正常工作。待故障修复后，总线隔离器会自行将被隔离的部分重新纳入系统。此外，使用隔离器还能便于确定总线发生短路的位置。隔离器的工作原理为：当隔离器输出所连接的电路发生短路故障时，隔离器内部电路中的自复熔丝断开，同时内部电路中的继电器吸合，将隔离器输出所连接的电路完全断开。总线短路故障修复后，继电器释放，自复熔丝恢复导通，隔离器输出所连接的电路重新纳入系统。

（4）探测器及报警按钮

① 智能光电感烟探测器　如图 4-10 所示。它是采用红外线散射的原理探测火灾。在无烟状态下，只接收很弱的红外光；当有烟尘进入时，由于散射的作用，使接收光信号增强；当烟尘达到一定浓度时，便输出报警信号。为减少干扰及降低功耗，发射电路采用脉冲方式工作，以提高发射管的使用寿命。该探测器占一个节点

地址，采用电子编码方式，通过编码器读/写地址。

图 4-9　隔离器

图 4-10　智能光电感
烟探测器

图 4-11　智能电子差定
温感温探测器

② 智能电子差定温感温探测器　如图 4-11 所示。它采用热敏电阻作为传感器，传感器输出的电信号经变换后输入到单片机，单片机利用智能算法进行信号处理。当单片机检测到火警信号后，向控制器发出火灾报警信息，并通过控制器点亮火警指示灯。

③ 手动报警按钮　如图 4-12 所示。手动火灾报警按钮（含电话插孔）一般安装在公共场所，当人工确认发生火灾后，按下报警按钮上的有机玻璃片，即可向控制器发出报警信号。控制器接收到报警信号后，将显示出报警按钮的编号或位置并发出报警声响。此时只要将消防电话分机插入电话插座，即可与电话主机通讯。报警按钮采用按压报警方式，通过机械结构进行自锁，可减少人为误触发现象。报警按钮内置单片机，具有完成报警检测及与控制器通讯的功能。单片机内含 EEP-ROM 用于存储地址码、设备类型等信息，地址码可通过 GST-BMQ-2 型电子编码器进行现场更改。

图 4-12　手动报警按钮

图 4-13　消火栓按钮

图 4-14　声光报警器

④ 消火栓按钮　如图 4-13 所示。消火栓按钮一般安装在公共场所，当人工确认发生火灾后，按下此按钮，即可向火灾报警控制器发出报警信号；火灾报警控制器接收到报警信号，将显示出与按钮相连的防爆消火栓接口的编号，并发出报警声响。

（5）声光报警器　如图 4-14 所示。它用于在火灾发生时提醒现场人员注意，警报器是一种安装在现场的声光报警设备。当现场发生火灾并被确认后，可由消防控制中心的火灾报警控制器启动，也可通过安装在现场的手动报警按钮直接启动。启动后警报器发出强烈的声光警号，以达到提醒现场人员注意的目的。

（6）单输入/单输出模块　如图 4-15 所示。它采用电子编码器进行编码，模块内有一对常开、常闭触点。模块具有直流 24V 电压输出，用于与继电器的触点接成有源输出，以满足现场的不同需求。另外模块还设有开关信号输入端，用来和现场设备的开关触点连接，以便确认现场设备是否动作。单输入/单输出模块主要用于各种一次动作并有动作信号输出的被动型设备，如排烟阀、送风阀、防火阀等接入到控制总线上。

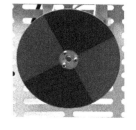

图 4-15　单输入/单输出模块　　　　图 4-16　模拟消防泵　　　　图 4-17　模拟排烟机

（7）模拟消防设备

① 模拟消防泵　如图 4-16 所示。本系统的模拟消防泵与一个单输入/输出模块配合使用。

② 模拟排烟机　如图 4-17 所示。本系统的模拟排烟机与一个单输入/输出模块配合使用。

③ 模拟防火卷帘门　如图 4-18 所示。本系统的模拟防火卷帘门与一个单输入/输出模块、一对光电开关、一对按钮配合使用。光电开关可以检测金属、非金属等反光物体；顶部旋钮用于调节光灵敏度（顺时针调节灵敏度增高，逆时针调节灵敏度降低），底部旋钮用于切换工作方式（类似于继电器的常开、常闭触点）。模拟防火卷帘门有高、低两个光电开关，分别用于检测防火卷帘门的高、低位置；出厂时，光电开关灵敏度旋钮一般处在最大状态，可以不用调节；工作方式可通过旋钮来调节，在本套实训系统中，将高位光电开关工作方式旋钮调到L、低位光电开关工作方式旋钮调到 D。按钮用于人工控制卷帘门的上升和下降；绿色按钮（上行按钮）控制卷帘门上升，红色按钮（下行按钮）控制卷帘门下降。

（8）电子编码器　本套实训系统的单输入/输出模块、探测器、报警按钮等总线设备都需要编码，所用的编码工具为电子编码器，如图 4-19 所示。编码器可对探测器等设备的地址码、设备类型、灵敏度进行设定，同时也可对模块的地址码、设备类型、输入设定参数等信息进行设定。

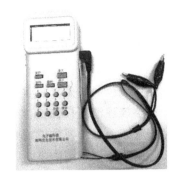

图 4-18　模拟防火卷帘门　　　　　　　　图 4-19　电子编码器

2. 认知消防报警联动实训系统的系统结构

本套实训装置中，消防报警联动系统的系统结构如图 4-20 所示。该系统可以实现感烟探测器、感温探测器、消火栓报警按钮、手动报警按钮的信号检测，并采用联动编程，控制启动消防泵、排烟风机、卷帘门等模拟联动设备。

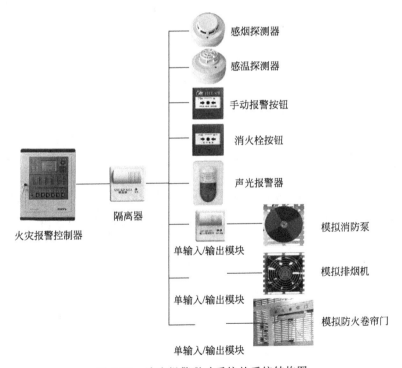

图 4-20　消防报警联动系统的系统结构图

任务 2　消防报警联动系统的安装与调试

一、任务目的

（1）能够描述消防报警联动实训系统设备的主要连接端口的功能。

（2）能够识读消防报警联动实训系统的系统接线图。

（3）能够描述消防报警联动实训系统实现的系统功能。

（4）能够正确进行消防报警联动实训系统的安装、参数设置及功能调试。

（5）能够正确使用消防报警联动实训系统，以实现系统功能。

二、任务实施

1. 认知系统设备的端口功能

（1）消防控制箱　接线端子如图 4-21 所示，各接线端子的功能说明如表 4-6 所列。

图 4-21　消防控制箱的接线端子

表 4-6　消防控制箱接线端子的功能说明

标识	连接关系
Li、Ni	AC220V 电源输入,来自接总电源控制箱
L、N	AC220V 电源输出,去火灾报警控制器
24V＋、24V－	DC24V/3A 电源输出
COM、S－	DC24V 输入端,接单输入单输出模块的 COM、S－

标识	连接关系
L1、G	常开触点输出端,接单输入单输出模块 L1、G
K1-12、K2-12	继电器 K1、K2 常开输出端(DC 24V),分别接消防泵、排烟机输入+极
K3-3	继电器 K3 第 3 脚常闭输出端,接 SB1(上行按钮)常开端
K3-5、K3-6	继电器 K3 第 5、6 脚(正、负 DC 24V),分别接防火卷帘门电机+、-极
K3-13、K4-13	继电器 K3、K4 第 13 脚(DC 24V-),分别接低位、高位光电开关(即卷帘门的低位、高位行程控制传感器)控制端

（2）**火灾报警控制器** 接线端子如图 4-22 所示，各接线端子的功能说明如表 4-7 所列。

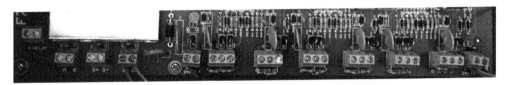

图 4-22 火灾报警控制器的接线端子

表 4-7 火灾报警控制器接线端子的功能说明

序号	标识	连接关系
1	L、G、N	交流 220V 接线端子及交流接地端子
2	F-RELAY	故障输出端子,当主板上 NC 短接时,为常闭无源输出;当 NO 短接时,为常开无源输出
3	A、B	连接火灾显示盘的通讯总线端子
4	S+、S-	警报器输出端子,带检线功能,终端需要接 0.25W 的 4.7kΩ 电阻,输出时的电流容量为 DC24V/0.15A
5	Z1、Z2	无极性信号二总线端子,接隔离器端子 Z1、Z2
6	24V IN(+、-)	外部 DC24V 输入端子,可为辅助电源输出提供电源
7	24V OUT(+、-)	辅助电源输出端子,可为外部设备提供 DC24V 电源。当采用内部 DC24V 供电时,最大输出容量为 DC24V/0.3A;当采用外部 DC24V 供电时,最大输出容量为 DC24V/2A
8	O	直接控制输出线
9	COM	直接控制输出与反馈输入的公共线
10	I	反馈输入线
11	O、COM	组成直接控制输出端,O 为输出端正极,COM 为输出端负极,启动后 O 与 COM 之间输出 DC24V
12	I、COM	组成反馈输入端,接无源触点;为了检线,I 与 COM 之间接 4.7kΩ 的终端电阻
13	In1、In2	无源反馈输入端子,带检线功能,需接 0.25W 的 4.7kΩ 终端电阻

（3）隔离器　接线端子如图4-23所示，各接线端子的功能说明如表4-8所列。

图4-23　隔离器的接线端子

图4-24　智能光电感烟探测器、
智能电子差定温感温探测器

表4-8　隔离器接线端子的功能说明

序号	标识	连接关系
1	Z1、Z2	输入信号总线无极性，接火灾报警控制器的总线端子Z1、Z2
2	ZO1、ZO2	输出信号总线无极性，可接探测器和联动设备的总线端子Z1、Z2

（4）探测器及报警按钮

① 智能光电感烟探测器、智能电子差定温感温探测器　接线端子相同，如图4-24所示，各接线端子的功能说明如表4-9所列。

表4-9　智能光电感烟探测器、智能电子差定温感温探测器接线端子的功能说明

序号	标识	连接关系
1	一对对角线端子	无极性，接隔离器端子ZO1、ZO2

② 手动报警按钮、消火栓按钮　接线端子相同，如图4-25所示，各接线端子的功能说明如表4-10所列。

图4-25　手动报警按钮、
消火栓按钮的接线端子

图4-26　声光报警器
的接线端子

图4-27　单输入/单输出模块
的接线端子

表4-10　手动报警按钮和消火栓按钮接线端子的功能说明

序号	标识	名称	连接关系
1	Z1、Z2	总线端子	无极性，接隔离器端子ZO1、ZO2
2	K1、K2	常开输出端	—

（5）声光报警器　如图 4-26 所示，各接线端子的功能说明如表 4-11 列。

表 4-11　声光报警器接线端子的功能说明

序号	标识	名称	连接关系
1	Z1、Z2	总线端子	无极性,接隔离器端子 ZO1、ZO2
2	D1、D2	电源端子	接 DC24V 电源,无极性

（6）单输入/单输出模块　接线端子相同，如图 4-27 所示，各接线端子的功能说明如表 4-12 所列。

表 4-12　单输入/单输出模块接线端子的功能说明

序号	标识	连接关系
1	Z1、Z2	接控制器两总线,无极性
2	D1、D2	接 DC24V 电源,无极性
3	G、NG V+、NO	DC24V 有源输出辅助端子,将 G 和 NG 短接、V+ 和 NO 短接(注意:出厂默认已经短接好,若使用无源常开输出端子,请将 G、NG、V+、NO 之间的短路片断开),用于向输出触点提供+24V 信号以便实现有源 DC24V 输出;无论模块启动与否,V+、G 间一直有 DC24V 输出
4	I、G	与被控制设备无源常开触点连接,用于实现设备动作回答确认(也可通过电子编码器设为常闭输入或自回答)
5	COM、S−	有源输出端子,启动后输出 DC24V,COM 为正极、S− 为负极
6	COM、NO	无源常开输出端子

（7）模拟消防设备

① 模拟消防泵　接线端子的功能说明如表 4-13 所列。

表 4-13　模拟消防泵接线端子的功能说明

序号	标识	连接关系
1	两根电源线	分别接消防控制箱端子 K1-12、DC24V−

② 模拟排烟机　接线端子的功能说明如表 4-14 所列。

表 4-14　模拟排烟机接线端子的功能说明

序号	标识	连接关系
1	两根电源线	分别接消防控制箱端子 K2-12、DC24V−

③ 模拟防火卷帘门　接线端子的功能说明如表 4-15 所列。

表 4-15　模拟防火卷帘门接线端子的功能说明

防火卷帘门		
序号	标识	连接关系
1	两根电源线	分别接消防控制箱端子 K3-5、K3-6

上行按钮（SB1）		
序号	标识	连接关系
1	NC	常闭端子,接下行按钮和单输入/输出模块的常开端子 NO
2	NO	常开端子,接消防控制箱端子 K3-3
3	C	公共端,接消防电源箱端子 DC 24V+

下行按钮（SB2）		
序号	标识	连接关系
1	NC	—
2	NO	常开端子,接上行按钮的常闭端子 NC 和单输入/输出模块的端子 NO
3	C	公共端,接单输入/输出模块的常开端子 NO

光电开关		
序号	标识	连接关系
1	棕线	电源正极,接 DC24V+
2	蓝线	电源负极,接 DC24V−
3	黑线	高位光电开关:接消防控制箱端子 K4-13 低位光电开关:接消防控制箱端子 K3-13

2. 系统接线图

消防报警联动实训系统的接线图如图 4-28 所示。

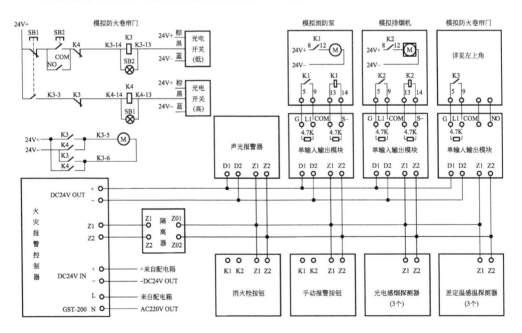

图 4-28　消防报警联动实训系统的系统接线图

3. 系统的安装与调试

（1）系统功能　通过消防报警联动系统的器件安装、接线和调试，该系统应实现以下功能：

① 依次设置各个模块、探测器等的二次码地址，要求地址码统一且有规律。

② 按下手动盘按键1～4，分别启动讯响器、排烟机、消防泵、卷帘门。

③ 设备联动功能要求

● 任意消防探测器动作或按下消防报警按钮（手动报警按钮、消火栓按钮），应能启动声光报警器。

● 任意感烟探测器动作，应能立即启动排烟机、延时5s启动消防泵、延时10s降下防火卷帘门。

● 任意感温探测器动作或者按下消火栓按钮，应能立即启动消防泵，降下防火卷帘门。

● 任意感烟探测器动作并且按下手动按钮，应能立即启动消防泵。

（2）施工流程　为了强化智能楼宇系统工程能力，本实训在模拟的现场施工环境中，依照从准备到施工的基本流程完成实训任务。

① 施工前准备　在此阶段，主要完成以下两项任务：

a. 依据前期的系统设计，填写设备及材料清单。

b. 依据清单，领取设备和材料，并检查设备外观。

② 施工　在此阶段，主要完成以下五项任务：

a. 依据系统设计和系统接线图，安装与连接设备。

b. 对安装完成的系统设备进行自检。

c. 安装完成后，系统通电检查。

d. 依据功能需求，设置系统设备参数，调试系统功能。

e. 功能调试完成后，填写调试报告。

（3）系统设备及材料清单　消防报警联动系统的设备及材料清单如表4-16和表4-17所列。

表4-16　消防报警联动系统的设备清单

序号	名称	型号	数量	备注
1	火灾报警控制器	GST200/16	1台	
2	智能光电感烟探测器	JTY-GD-G3	3只	
3	智能电子差定温探测器	JTW-ZCD-G3N	3只	
4	探测器通用底座	DZ-02	6只	
5	总线隔离器	LD-8313	1只	
6	编码手动报警按钮（带电话孔）	J-SAM-GST9122	1只	

序号	名称	型号	数量	备注
7	编码单输入/单输出模块	LD-8301	3 只	
8	编码消火栓报警按钮	J-SAM-GST9123	1 只	
9	声光报警器(火警讯响器)	HX-100B	1 只	
10	电子编码器	GST-BMQ-1B	1 只	
11	模拟消防泵		1 套	
12	模拟排烟阀		1 套	
13	模拟卷帘门		1 套	

表 4-17　消防报警联动系统的材料清单

序号	名称	型号	数量	备注
1	电源线			
2	信号线			
3	PVC 线槽			
4	螺钉、螺母			
5	尼龙扎带			

（4）系统设备安装及连接　为了能够正确安装系统设备，应该在实训之前，仔细阅读系统设备的安装方法。为了能够保证实训的安全进行，在实训过程中，要注意安全操作、安全用电。对火灾报警联动系统主要设备的安装步骤如下所述。

① 火灾报警控制器　火灾报警控制器安装位置是在实训装置中管理中心房间的左侧网孔板上，安装效果如图 4-29 所示。

图 4-29　火灾报警控制器的安装

a. 打开控制器的门，用工具打穿 5 个出线孔。

b. 使用不锈钢螺钉从安装孔穿过控制器和网孔板，在网孔板的另一侧用螺母、垫片和弹片将控制器固定在网孔板上。

参考系统接线图，连接火灾报警控制器与其外围设备。火灾报警控制器与外围设备连接时，交流电源采用三芯白色护套电源导线，直流电源采用 23 芯电源导线，总线采用信号线。

② 隔离器　隔离器的底座和隔离器之间采用插接方式，它的安装位置是在实训装置中管理中心房间的左侧网孔板上，安装时使用不锈钢自攻螺钉将底座固定在网孔板上。注意安装方向：底座上有指示安装方向的箭头标志，安装时要求箭头

向上。

参考系统接线图，连接隔离器与控制器、探测器等外围设备。隔离器与外围设备连接时，总线采用信号线。

③ 探测器及报警按钮

a. 智能光电感烟探测器、智能电子差定温感温探测器　智能光电感烟探测器和智能电子差定温感温探测器的底座和探测器之间采用插接方式，如图 4-30 所示。它们的安装方式和位置相同，安装位置是在实训装置管理中心和智能大楼房间的顶部网孔板上，安装时使用不锈钢自攻螺钉将底座固定在网孔板上。

图 4-30　智能光电感烟探测器（左）　　　　图 4-31　声光报警器
和智能电子差定温感温探测器（右）

参考系统接线图，连接探测器与隔离器。探测器与隔离器连接时，总线采用信号线。

b. 手动报警按钮、消火栓按钮　手动报警按钮和消火栓按钮的底座和按钮之间采用插接方式。它们的安装方式和位置相同，安装位置是在实训装置中智能大楼房间的中间网孔板上，安装时使用不锈钢自攻螺钉将底座固定在网孔板上。

参考系统接线图，连接按钮与隔离器。按钮与隔离器连接时，总线采用信号线。

④ 声光报警器　声光报警器的底座和报警器之间采用插接方式，如图 4-31 所示。声光报警器安装位置是在实训装置过道中的合适位置。安装时使用不锈钢自攻螺钉将底座固定在网孔板上。

参考系统接线图，连接声光报警器与隔离器等设备。声光报警器与隔离器等设备连接时，电源采用 23 芯电源导线，总线采用信号线。

⑤ 单输入/单输出模块　单输入/单输出模块的底座和按钮之间采用插接方式，如图 4-32 所示。三个单输入/单输出模块安装位置是在实训装置中智能大楼房间的内侧网孔板上，要便于与相应的模拟消防设备相连接。安装时使用不锈钢自攻螺钉将底座固

图 4-32　单输入/单输出模块

定在网孔板上。

参考系统接线图，连接单输入/单输出模块与隔离器、相应的模拟消防设备等外围设备。单输入/单输出模块与外围设备连接时，电源采用 23 芯电源导线，总线采用信号线。

三个单输入/单输出模块与相应的模拟消防设备的接线说明如下所述。

a. 与模拟消防泵的接线　消防电源控制箱 24V＋接继电器 KA1 一对常开触点的一端，常开触点的另一端接模拟消防泵的正极，消防泵的负极接电源箱直流 24V－。

从单输入输出模块的 COM 端与 S－端分别连接继电器 KA1 线圈两端（分正负），COM 端接继电器 KA1 底座的 14 引脚，S－端接继电器 KA1 底座的 13 引脚。

b. 与模拟排烟机的接线　消防电源控制箱 24V＋接继电器 KA2 一对常开触点的一端，常开触点的另一端接模拟排烟机的正极，排烟机的负极接电源箱直流 24V－。

从单输入输出模块的 COM 端与 S－端分别连接继电器 KA2 线圈两端（分正负），COM 端接继电器 KA2 底座的 14 引脚，S－端接继电器 KA1 底座的 13 引脚。

c. 与模拟防火卷帘门的接线　从消防电源箱的 24V＋接上行按钮 SB1 的 C 端（公共端），从上行按钮 SB1 的 NC 端（常闭）分别接下行按钮 SB2 常开触点的一端与单输入输出模块的 NO 端（常开）；下行按钮 SB2 常开触点的另一端分别接单输入输出模块的 COM 端与继电器 KA4 常闭触点的一端；从继电器 KA4 常闭触点的另一端分别接继电器 KA3 的线圈正极与下行按钮 SB2（红）灯的正极；继电器 KA3 的线圈负极分别接下行按钮 SB2（红）灯的负极与光电开关（低位）的控制端（黑线）。

从上行按钮 SB1 的 NO 端接继电器 KA3 常闭触点的一端；继电器 KA3 常闭触点的另一端分别接上行按钮 SB1（绿）灯的正极与继电器 KA4 线圈的正极；继电器 KA4 线圈的负极分别接上行按钮 SB1（绿）灯的负极与光电开关（高位）的控制端（黑线）。

⑥ 模拟消防设备

a. 模拟消防泵　模拟消防泵的安装位置是在实训装置中智能大楼房间的中间网孔板上，安装时使用不锈钢自攻螺钉将底座固定在网孔板上。

参考系统接线图，连接模拟消防泵与消防控制箱。模拟消防泵与消防控制箱连接时，电源采用 23 芯电源导线。

b. 模拟排烟机　模拟排烟机的安装位置是在实训装置中智能大楼房间的中间网孔板上，安装时使用不锈钢自攻螺钉将其固定在网孔板上。

参考系统接线图，连接模拟排烟机与消防控制箱。模拟排烟机与消防控制箱连接时，电源采用 23 芯电源导线。

c.模拟防火卷帘门　模拟防火卷帘门的安装位置是在实训装置中智能大楼房间的右侧网孔板上，安装时使用不锈钢自攻螺钉将其固定在网孔板上。

参考系统接线图，连接模拟防火卷帘门与消防控制箱。模拟防火卷帘门与消防控制箱连接时，电源采用 23 芯电源导线。

模拟防火卷帘门的上升与下降的接线说明如下所述。

● 回路一，卷帘门下降的接法：从消防电源控制箱的 24V 正极接继电器 KA3 常开触点的一端，继电器 KA3 常开触点的另一端接电机的正极；从电机负极接继电器 KA3 的另一组常开触点的一端，继电器 KA3 常开触点的另一端接消防电源控制箱的 24V 负极。

● 回路二，卷帘门上升的接法：从消防电源控制箱的 24V 正极接继电器 KA4 常开触点的一端，继电器 KA4 常开触点的另一端接电机的正极；从电机负极接继电器 KA4 的另一组常开触点的一端，继电器 KA4 常开触点的另一端接消防电源控制箱的 24V 负极。

● 自动与手动状态：当 NO 端与 COM 端闭合时为自动，SB2 闭合时为手动。

● 互锁关系：继电器 KA3、KA4 常闭触点为一对互锁关系。

参考系统接线图，完成其他设备的安装与连接。

（5）系统功能调试　完成系统设备安装、连接后，要进行系统功能调试。调试内容及步骤如下：

ⅰ.使用电子编码器对各个设备进行编码。

ⅱ.在火灾报警控制器上，进行设备定义。

ⅲ.在火灾报警控制器上，进行设备注册。

ⅳ.在火灾报警控制器上，进行联动编程。

① 设备编码　本套实训系统中的单输入/输出模块、探测器、报警按钮等总线设备都需要编码，所使用的编码工具是电子编码器。

a.电子编码器的功能结构　电子编码器的功能结构如图 4-33 所示。

（a）电源开关：完成系统硬件开机和关机操作。

（b）液晶屏：显示有关探测器的一切信息和操作人员输入的相关信息，并且当电源欠压时给出指示。

（c）复位键：当编码器由于长时间不使用而自动关机后，按下复位键，可以使系统重新上电并进入工作状态。

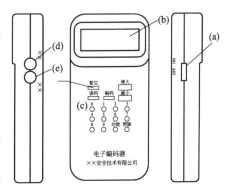

图 4-33　电子编码器功能结构示意

（d）总线插口：编码器通过总线插口与探测器或模块相连。

（e）火灾显示盘接口（I2C）：通过此接口与火灾显示盘相连，并进行各灯的二次码的编写。

编码前，将编码器连接线的一端插在编码器的总线插口内［如图4-33所示的（d）处］，另一端的两个夹子分别夹在两根总线端子"Z1""Z2"（不分极性）上。开机［将图4-33所示的（a）处的开关打到"ON"的位置］后可对编码器做如下b. 的操作，实现各参数的写入设定。

b. 编码设置操作　使用电子编码器进行设置编码的基本步骤如下所述。

ⓐ 将电子编码器连接线的一端插在编码器的总线插口内，另一端的两个夹子分别夹在需要编码设备（如探测器、模块等）的两个总线端子Z1、Z2（不分极性）上。

ⓑ 将电子编码器的开关拨到"ON"的位置，然后按下编码器上的"清除"键，让编码器回到待机状态，然后用编码器上的数字键输入编码（如"1"），再按下"编码"键，此时编码器若显示符号"P"，则表明编码完成。

ⓒ 按下编码器上的"清除"键，让编码器回到待机状态，然后按下编码器的"读码"键，此时液晶屏上将显示该设备的现有地址编码。

按照表4-18所列的地址，对本实训系统的各个模块、探测器等总线设备进行编码。

表4-18　设备地址表

序号	设备型号	设备名称	编码
1	GST-LD-8301	单输入/单输出模块（消防泵）	01
2	GST-LD-8301	单输入/单输出模块（排烟机）	02
3	GST-LD-8301	单输入/单输出模块（防护卷帘门）	03
4	HX-100B	声光报警器	04
5	J-SAM-GST9123	消火栓按钮	05
6	J-SAM-GST9122	手动报警按钮	06
7	JTW-ZCD-G3N	智能电子差定温感温探测器	07
8	JTY-GD-G3	智能光电感烟探测器	08
9	JTW-ZCD-G3N	智能电子差定温感温探测器	09
10	JTY-GD-G3	智能光电感烟探测器	10
11	JTW-ZCD-G3N	智能电子差定温感温探测器	11
12	JTY-GD-G3	智能光电感烟探测器	12

注意：在操作过程中，如果液晶屏前部有"LB"字符显示，表明电池已经欠压，应及时进行更换。更换前应关闭电源开关，从电池扣上拔下电池时不要用力过大。

② 设置火灾报警控制器参数

a. 设备定义　火灾报警控制器外接的设备包括火灾探测器、联动模块、火灾显示盘、网络从机、光栅机、多线制控制设备（直控输出定义）等。这些设备均需进行编码设定，每个设备对应一个原始编码和一个现场编码，设备定义就是对设备的现场编码进行设定。被定义的设备既可以是已经注册在控制器上的，也可以是未注册在控制器上的。

ⓐ典型的设备定义界面　典型的设备定义界面如图4-34所示。

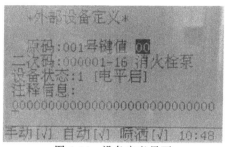

图4-34　设备定义界面

● 原码：为该设备所在的自身编码号，外部设备（火灾探测器、联动模块）原码号为1～242；火灾显示盘原码号为1～64；网络从机原码号为1～32；光栅机测温区域原码号为1～64，对应1～4号光栅机的探测区域，从1号光栅机的1通道的1探测区顺序递增；直控输出（多线制控制的设备）原码号为1～60。原始编码与现场布线没有关系。

现场编码包括二次码、设备类型、设备特性和设备汉字信息。

● 键值：当为模块类设备时，是指与设备对应的手动盘按键号。当无手动盘与该设备相对应时，键值设为"00"。

● 二次码：即为用户编码，由六位0～9的数字组成，它是人为定义用来表达这个设备所在的特定的现场环境的一组数，用户通过此编码可以很容易地知道被编码设备的位置以及与位置相关的其他信息。推荐对用户编码规定为：第一、二位，对应设备所在的楼层号，取值范围为0～99，为方便建筑物地下部分设备的定义，规定地下一层为99，地下二层为98，依此类推；第三位，对应设备所在的楼区号，取值范围为0～9（所谓楼区是指一个相对独立的建筑物，例如：一个花园小区由多栋写字楼组成，每一栋楼可视为一个楼区）；第四、五、六位对应总线制设备所在的房间号或其他可以标识特征的编码，对火灾显示盘编码时，第四位为火灾显示盘工作方式设定位，第五、六位为特征标志位。

● 设备类型：用户编码输入区"－"符号后的两位数字（设备类型代码，可参照控制器说明书中的设备类型）。输入完成后，在这两位数字的后面将显示刚刚输入数字对应的设备类型汉字描述。如果输入的设备类型超出设备类型表范围，将显示"未定义"。

● 设备状态：一些具有可变配置的设备，可以通过更改此设置改变配置。

● 注释信息：可以输入表示该设备的位置或其他相关提示信息，最多可输入七个汉字，如果输入非本系统的汉字库汉字，屏幕将显示"①"符号。

ⓑ 设备定义操作　首先，按下"系统设置"键，进入系统设置菜单，如图4-35 所示，再按对应的数字键可进入相应的界面。进入系统设置界面需要使用管理员密码（或更高级密码）解锁后才能进行操作。

图 4-35　系统设置菜单　　　图 4-36　设备定义菜单　　　图 4-37　设备定义的选项

然后，按 4 键将进入设备定义菜单，如图 4-36 所示。这里有两种设备定义方式：设备连续定义和设备继承定义。每种方式都有八种选项：外部设备定义、显示盘定义、1 级网络、光栅测温、2 级网络、多线制定义、手动盘定义、广播电话盘定义，如图 4-37 所示。本实训中使用的是"外部设备定义"选项。

● 设备连续定义。在设备连续定义状态下，在定义完第一个设备后，接下来的设备定义会继承上一个设备的定义，并具有如下规律：原码中的设备号在小于其最大值时，会自动加一；键值为非"00"时，会自动加一；二次码自动加一；设备类型不变；特性不变；汉字信息不变。

● 设备继承定义。在设备继承定义状态下，是将已经定义的设备信息从系统内调出，可对设备定义进行修改。

ⓒ 设备定义设置　参照表 4-19，对本实训中的总线设备进行设备定义。

表 4-19　设备定义

序号	设备型号	设备名称	编码	二次码	设备定义
1	GST-LD-8301	单输入/单输出模块	01	000001	16（消防泵）
2	GST-LD-8301	单输入/单输出模块	02	000002	19（排烟机）
3	GST-LD-8301	单输入/单输出模块	03	000003	27（卷帘门）
4	HX-100B	声光报警器	04	000004	13（讯响器）
5	J-SAM-GST9123	消火栓按钮	05	000005	15（消火栓）
6	J-SAM-GST9122	手动报警按钮	06	000006	11（手动按钮）
7	JTW-ZCD-G3N	智能电子差定温感温探测器	07	000007	02（点型感温）
8	JTY-GD-G3	智能光电感烟探测器	08	000008	03（点型感烟）
9	JTW-ZCD-G3N	智能电子差定温感温探测器	09	000009	02（点型感温）
10	JTY-GD-G3	智能光电感烟探测器	10	000010	03（点型感烟）
11	JTW-ZCD-G3N	智能电子差定温感温探测器	11	000011	02（点型感温）
12	JTY-GD-G3	智能光电感烟探测器	12	000012	03（点型感烟）

b. 联动编程　联动公式是用来定义系统中报警信息与被控设备间联动关系的逻辑表达式。当系统中的探测设备报警或被控设备的状态发生变化时，控制器可按照这些逻辑表达式自动地对被控设备执行"立即启动""延时启动"或"立即停动"操作。本系统联动公式由等号分成前后两部分，前面为条件，由用户编码、设备类型及关系运算符组成；后面为被联动的设备，由用户编码、设备类型及延时启动时间组成。例如：

01001103 ＋ 02001103 ＝ 01001213 00 01001319 10

表示：当 010011 号光电感烟探测器或 020011 号光电感烟探测器报警时，010012 号讯响器立即启动，010013 号排烟机延时 10s 启动。

01001103 ＋ 02001103 ＝×01205521 00

表示：当 010011 号光电感烟探测器或 020011 号光电感烟探测器报警时，012055 号新风机立即停动。

ⓐ 联动编程操作　在系统设置菜单中（图 4-35），键入"5"，将进入联动编程菜单，如图 4-38 所示；本实训中，选择其中的"常规联动编程"（即键入"1"），系统将进入常规联动编程菜单，如图 4-39 所示，通过选择其中的项目，可以对联动公式进行新建、修改和删除。

图 4-38　联动编程菜单

图 4-39　常规联动编程菜单

ⓑ 联动公式说明

● 联动公式中的等号有四种表达方式，分别为"＝""＝ ＝""＝×""＝ ＝×"。联动条件满足时，表达式为"＝""＝×"，被联动的设备只有在"全部自动"的状态下才可进行联动操作，表达式为"＝ ＝""＝ ＝×"，被联动的设备在"部分自动"及"全部自动"状态下均可进行联动操作。"＝×""＝ ＝×"代表停动操作，"＝""＝ ＝"代表启动操作。

● 等号前后的设备都要求由用户编码和设备类型构成，类型不能缺省。

● 关系符号有"与""或"两种，其中"＋"代表"或""×"代表"与"。

● 等号后面联动设备的延时时间为 0～99s，不可缺省，若无延时需输入"00"，若联动停动操作的延时时间无效，默认为 00。

● 联动公式中允许有通配符，用"＊"表示，可代替 0～9 之间的任何数字。通配符既可出现在公式的条件部分，也可出现在联动部分。通配符的运用可合理简化联动公式。当其出现在条件部分时，这样一系列设备之间隐含"或"关系，例如******03 即代表任意感烟探测器。在输入设备类型时也可以使用通配符。

● 编辑联动公式时，要求联动部分的设备类型及延时启动时间之间（包括某一联动设备的设备类型与其延时启动时间及某一联动设备的延时启动时间与另一联动设备的设备类型之间）必须存在空格；在联动公式的尾部允许存在空格；除此之外的位置不允许有空格存在。

ⓒ 联动编程设置

● 任何消防探测器动作或消防报警按钮（手动报警按钮、消火栓按钮）按下，立即启动声光报警器；

******02＋******03＋******11＋******15＝******13 00

● 感烟探测器动作，立即启动排烟机，延时 5s 启动消防泵，延时 10s 降下防火卷帘门；

******03＝******19 00　******16 05　　******27 10

● 感温探测器动作或者消火栓按钮按下，立即启动消防泵，降下防火卷帘门；

******02＋******15＝******16 00　　******27 00

● 感烟探测器动作，并且手动按钮按下，立即启动消防泵。

******03×******11＝******16 00

c. 设备注册　在系统设置菜单中（图 4-35），键入"6"，将进入调试操作菜单，如图 4-40 所示；本实训中，选择其中的"设备直接注册"（即键入"1"），系统将进入设备直接注册菜单，如图 4-41 所示，本实训中，选择其中的"外部设备注册"（即键入"1"），系统将对外部设备重新进行注册并显示注册信息，如图 4-42 所示。

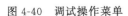

图 4-40　调试操作菜单　　　图 4-41　设备直接注册菜单　　　图 4-42　外部设备注册

提示：外部设备注册时，显示的编码为设备的原始编码，后面的数量为检测到相同原始编码设备的数量。当有设备原始编码重码时，在显示重码设备数量的同时，还将重码事件写入运行记录器中，可在注册结束后查看。重码记录中，在用户编码位置为 3 位原始编码号、3 位重码数量，事件类型为"重复码"。注册结束后，显示注册到的设备总数及重码设备的个数，两个数相加，可以得出实际的设备数量。

正确地完成如上全部设置后，即可实现系统功能。

4. 系统常见故障分析

（1）现象：火灾报警控制器无显示或显示不正常。

原因分析：a. 交流保险损坏；b. 电源不正常；c. 排线连接不良。

排除方法：a. 更换保险；b. 检查更换低压开关电源；c. 检查连接排线

（2）现象：火灾报警控制器显示"备电故障"。

原因分析：a. 线路连接不良；b. 蓄电池亏电或损坏。

排除方法：a. 检查有关接插件；b. 更换电池

（3）现象：全部或部分设备注册失败。

原因分析：a. 总线连接错误或不良；b. 编码失败或错误；c. 设备定义错误。

排除方法：a. 检查总线；b. 检查设备编码；c. 检查设备定义

（4）现象：设备故障。

原因分析：a. 设备连线错误或断开；b. 设备损坏。

排除方法：a. 检查连线；b. 更换设备

【项目小结】

一个完整的消防系统由三个子系统组成：火灾自动报警系统、灭火自动控制系统和避难诱导系统。

火灾探测器是火灾自动报警系统的传感部分，是自动触发装置。它能自动发出火灾报警信号，将现场火灾信号（如烟雾、温度、光等）转换成电气信号，并将其传送到火灾报警控制器。火灾探测器是火灾探测的主要器件，它安装在监控现场，用以监测现场火情。根据探测方法和原理的不同，火灾探测器可分为感烟式、感温式、感光式、可燃气体探测式和复合式五种类型。探测器的选择应根据探测区域内的环境条件、火灾特点、安装高度以及场所的气流等情况，综合考虑后选用适合的探测器。

火灾报警控制器是火灾自动报警系统的核心组成部分，是消防系统的指挥中心。它可以为火灾探测器供电，接收火灾探测器和手动报警按钮输出的报警信号，并进行转换、处理、判断，启动报警装置，发出声、光报警，显示、记录报警的具体位置和时间，并有报警优先级别处理功能；能按预先设定的程序向联动控制器发出联动信号，启动自动灭火设备和消防联动控制设备；能自动监视系统的运行情况，对系统进行自动巡检、判断，当有故障发生时，能自动发出故障报警信号并显示故障点位置。

火灾自动报警系统主要由探测器、手动报警按钮、火灾报警控制器、警报器等组成。根据探测器和火灾报警控制器的使用，可以分为四种：区域火灾报警系统、集中报警系统、控制中心报警系统、智能火灾自动报警系统。

消防联动控制系统是指火灾发生后进行报警疏散、灭火控制等协调工作的系统，其作用是扑灭火灾，把损失降低到最低程度。消防联动控制系统主要由通信与疏散系统、灭火控制系统、防排烟控制系统等组成。

消防报警联动系统是智能楼宇实训装置中的一个重要的组成部分，具有系统独立性。它主要由火灾报警控制器、多种消防探测器（感烟探测器、感温探测器）、消防报警按钮、输入/输出模块及模拟消防设备（模拟消防泵、模拟排烟机、模拟防火卷帘门）等设备组成。该系统可以实现感烟探测器、感温探测器、消火栓报警按钮、手动报警按钮的信号检测，并采用联动编程，控制启动消防泵、排烟风机、卷帘门等模拟联动设备。

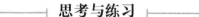

思考与练习

1. 简述消防系统的组成。
2. 简述火灾探测器的功能及分类。
3. 简述火灾报警控制器的功能。
4. 简述火灾自动报警系统的组成。
5. 简述消防报警联动实训系统的系统构成及工作原理。
6. 绘制消防报警联动实训系统的系统接线图。
7. 简述消防报警联动实训系统主要设备及其端口的功能。
8. 总结实训中遇到的故障及解决方法。

项目 5
综合布线系统集成

【项目引导】

综合布线系统是智能楼宇通讯的基础，是建筑物实现内部通讯及外部通讯的信息通路，是数据、信息交换与处理的重要环节。建筑物内部与外部信息（数据信息、语音信息、网络视频信息等）的交流与交换，都需通过线缆组成的综合布线系统来实现。

通过本项目的学习，应达到以下知识和技能目标：

- 了解综合布线系统的概念。
- 理解综合布线系统的组成及应用。
- 了解综合布线系统的标准及设计等级。
- 能够描述综合布线系统的构成，并能够认知其常用设备。
- 能够描述实训装置中综合布线系统的系统结构及系统工作原理。
- 能够正确使用实训装置中综合布线系统，并进行简单的系统设计。
- 能够正确完成实训装置中综合布线系统的设备安装、系统功能调试，并能进行故障分析及排除。

【项目相关知识】

一、综合布线系统概述

综合布线系统是指一种模块化的、灵活性极高的建筑物（或场地）的内部或建筑群体之间的信息传输媒介系统。它是智能建筑物内和建筑群体之间所有信息的传输通道，是智能建筑的"信息高速公路"。它既能使语音、图像、数据及多媒体通信设备和信息交换设备与其他信息管理系统彼此相连，也能使这些设备与外部通信网络相连接。

综合布线系统由线缆（如双绞线、同轴电缆、光纤等）和相关的连接硬件设备

（如配线架、适配器等）组成，它是智能建筑必备的基础设施之一。它采用积木式结构、模块化设计，把传输数据、语音、图像等信号的各种设备所需的布线、接续构件组合在统一的标准且通用的布线系统中，将智能建筑的各子系统有机地连接起来。它不仅易于实施安装，而且能随需求的变化而平稳升级与扩充。通过这种统一规划、统一标准、统一建设的实施，满足了智能楼宇信息传输高效、可靠、灵活性等要求。

1. 综合布线系统的特点

综合布线系统是一个全新的概念，它同传统的布线系统相比，具有许多优越性。它是一种预先布线，能够适应较长一段时间的需求。它是完全开放的，能够支持多级多层网络结构，能够满足智能建筑现在和将来的通信需要，系统可以适应更高的传输速率和带宽。综合布线还具有灵活的配线方式，布线系统上连接的设备在改变物理位置和数据传输方式时，都不需要进行重新定位。综合布线系统的特性主要表现为兼容性、模块化结构、开放性、灵活性、可靠性、先进性和经济性等几个方面。

（1）兼容性　兼容性是综合布线系统的首要特点。所谓兼容性是指综合布线系统是完全立的，与应用系统相对无关，可以用于多种应用系统的特性。综合布线系统把语音信号、数据信号和监控设备的视频图像信号的配线经过统一的规划设计，采用相同的传输介质、信息插座、连接设备和适配器等，将这些性质不同的信号综合到一套标准的布线系统中，避免了传统布线系统中不同的系统需要使用不同的线缆和接线设备所造成的混乱，使布线简洁美观，同时还可以节约大量的物质、时间和空间。在具体使用时，用户不必定义工作区某个信息插座的具体应用，只需把某个终端设备接入这个信息插座，然后在管理间和设备间的交联设备上做相应的跳线操作，这个终端设备就被接入系统了。

（2）模块化结构　综合布线系统从设计到安装都严格按照模块化要求进行，各个子系统之间均为模块化、积木式连接，各个元器件均可简单地插入或拔出，使系统的搬迁、扩展和重新布置极为方便。

（3）开放性　综合布线系统采用了开放式的体系结构，接口符合多种国际流行的标准，所以能满足大多数综合布线系统的需求，不但几乎对所有著名厂家的设备是开放的，并且几乎对所有的通信协议也是开放的。这就使得各个著名厂家的设备可以随时接入系统，彻底改变了传统布线系统一种设备对应一种传输介质和相应布线方式的局限性。同时，它配备了大量齐全的线架、转换器和线缆，可以连接语音、数据等各种系统，具有高度的综合性，十分有利于设计、施工和运行管理。

（4）灵活性　综合布线系统灵活性强，能够适应各种不同的应用需要。综合布线系统采用标准的传输线缆和相关连接硬件，模块化设计，因此所有通道都是通用的。一个标准的信息插座，既可以接入电话等语音设备，又可以用来连接计算机终端，实现语音/数据设备的互换。所有设备的开通和更换都不需要改变布线系统，只需要增加或减少相应的设备以及进行必要的跳线管理即可。另外，系统组网也可以灵活多样，为用户组织信息流提供了必要条件。

（5）可靠性　综合布线系统采用了高品质的标准器件和线缆，所有的器件和线缆都通过 UL、CAS 和 ISO 认证，质量可靠。每条信息通道采用物理星型拓扑结构，点到点端接，任何一条线路故障都不会影响其他线路的运行，这就为链路的运行维护及故障检修提供了方便，从而保障了系统的可靠性。各应用系统采用相同的传输介质，因而可以互为备用，提高了冗余度。

（6）先进性　综合布线系统通常采用光纤与双绞线混合布线方式，这种方式能够非常合理地构成一套完整的布线系统。所有的布线都采用了先进的通信标准和先进的布线材料（如超 5 类、6 类双绞线），最大数据传输率可以达到 1000Mbps，也可根据用户的需求将光纤引到桌面。干线光缆可以设计成超过 Gbps 的传输速率，可以满足今后 5～10 年的发展需要。

（7）经济性　综合布线系统是将原来的相互独立、互不兼容的各种布线类别，综合成为一套完整的布线系统，并由一个施工单位就可以完成几乎全部弱电线缆的布线。这将可以节省大量的重复劳动和设备占用，使布线周期大大缩短，节省了费用。虽然综合布线系统的初期投资费用较传统布线费用高，但它采用了一套标准设备且可以在若干年内不增加投资就可以满足使用要求，因此，综合布线系统的使用时间长，维护费用很低，它是具有很高的性能价格比的高科技产品，具有良好的经济性。

2. 综合布线系统的组成

综合布线系统是智能建筑的"信息高速公路"，一般采用分层星型拓扑结构。为了适应不同的网络结构，可以在综合布线系统的管理间进行跳线连接，使系统连接成为星型、环型、总线型等不同的逻辑结构。

综合布线系统采用模块化的结构，根据每个模块的作用，可以把综合布线系统分成六个子系统：建筑群子系统、设备间子系统、垂直干线子系统、水平子系统、管理子系统和工作区子系统，如图 5-1 所示。六个子系统相互独立，可以单独设计、单独施工，变动其中任何一个子系统，都不会影响其他子系统。

（1）工作区子系统　工作区子系统位于终端设备接线处和信息插座之间，是综合布线系统的最末端，用于放置应用系统终端设备。它通常由信息插座、连接线缆和适配器组成，可将各种终端设备接入到综合布线系统中。工作区子系统规模的大小由信息插座的数量决定，不做统一规定；其布线一般是非永久性的，用户可以根据工作需要随时移动或改变。

（2）水平子系统　水平子系统也称为配线子系统，通常处在同一楼层，其一端接在信息插座、另一端接在楼层配线间（管理子系统）的配线架上，多采用四对非屏蔽双绞线。这些双绞线能支持大多数终端设备。在需要较高带宽应用时，水平子系统也可采用"光纤到桌面"的方案。水平子系统是连接工作区子系统和垂直干线子系统的部分，其功能是将干线子系统线路经楼层配线间的管理区连接并延伸到工作区的信息插座，一般为星型结构，它只局限于同一楼层的布线系统。

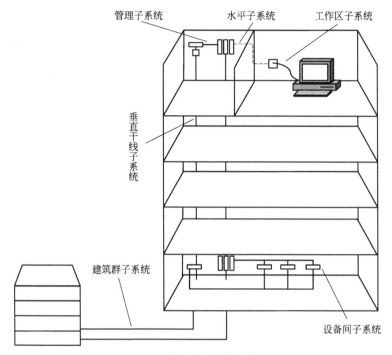

图 5-1　综合布线系统的组成

（3）管理子系统　管理子系统设置在每个楼层中接续设备间内，由交联、互联、跳线和插头等标准的通信线缆、连接设备或装置组成。其主要功能是将垂直干线子系统与各楼层的水平子系统相互连接，它是连接垂直干线子系统和水平子系统的纽带。管理子系统的主要设备有交换机、配线架和跳线等。通过配线架，管理者可以非常方便地利用各种跳线变更、调整布线的连接关系。当终端设备位置或局域网的结构发生改变时，通过调整跳线方式即可解决，而不需要重新布线。管理子系统充分体现了综合布线系统的灵活性，它是综合布线系统的一个重要子系统。

（4）垂直干线子系统　垂直干线子系统简称为干线子系统，两端分别端接在楼层配线间和设备间的配线架上，负责连接管理子系统和设备间子系统，由干线线缆和支撑硬件组成。线缆采用大对数双绞线电缆或多芯光纤组成，安装在建筑物的弱电竖井内。它是建筑物内通信主干线，相当于中枢神经。

（5）设备间子系统　设备间子系统是综合布线系统的管理中枢，是综合布线系统最主要的节点。整个建筑的各种信号都经过各种通信线缆汇集到设备间。设备间一般设置在建筑物的中心位置，它由主配线架、进入设备间的各种线缆、相关支撑硬件及防雷保护装置等构成。建筑物内公共系统需要互相连接的各种不同设备集中在这里集中安装、运行和管理。它可以完成各个楼层水平子系统之间的通信线路的调配、连接和测试等任务，还与建筑物外的公用通信网络连接，形成对外传输的通道。它是整个综合布线系统的中心单元。

（6）建筑群子系统　建筑群子系统是将建筑物内的电缆延伸到另外的建筑物的标准通信线路的连接，其两端分别安装在设备间子系统的接续设备上。它将两个或两个以上建筑物间的通信信号连接在一起，可以实现大面积地区建筑物之间的通信连接。建筑群子系统的设备包括连接各建筑物的线缆、配线架以及防止其他建筑的电缆的浪涌电压进入建筑物的电气保护设备等。

二、综合布线系统工程设计

1. 综合布线系统标准

综合布线系统的标准是指一套技术法规，它明确规定了产品的规格、型号和质量，也提供了一套明确的判断标准和质量检验的方法。综合布线系统的标准主要包括设计标准、施工标准和防护标准等。所有布线系统的厂商都必须遵守标准，标准有国际标准和国家标准，它们具有权威性、强制性。

（1）国际布线标准　ANSI（美国国家标准协会）/TIA（电信行业协会）/EIA（电子行业协会）568-A《商用建筑物通信布线标准》等是北美布线标准，1995年正式颁布，其后又陆续发布了ANSI/TIA/EIA 568-B等标准。这些标准主要考虑了综合布线中电缆传输距离、传输介质、实际安装、现场测试、工作区连接和通信设备等内容。

EN 50167《数字通信用带公共屏蔽的水平层布线电缆规范》、EN 50168《数字通信用带公共屏蔽的工作区布线电缆规范》、EN 50169《数字通信用带公共屏蔽的主干布线电缆规范》、EN 50173《信息技术-通用布线系统》是欧洲布线标准。其中 EN 50173 强调了电磁兼容性，提出通过线缆屏蔽层使线缆内部的双绞线在高带宽传输的条件下，具备更强的抗干扰能力和防辐射能力。

ISO（国际标准化组织）/IEC（国际电工委员会）11801《信息技术-用户基础设施的综合布线》是国际标准化组织在1995年颁布的国际布线标准，现在的第三版致力于将原先分散的多部结构化布线标准，包含 ISO/IEC 24702 工业部分、ISO/IEC 15018 家用布线、ISO/IEC 24764 数据中心整合到一部完整的、通用的结构化布线标准，同时新加入了针对无线网、楼宇自控、物联网等楼宇内公共设施的结构化布线设计。它定义了六类、七类线缆的标准，并考虑了电磁兼容性问题。

（2）中国布线标准　我国布线标准主要是以 ANSI/TIA/EIA 568-A 和 ISO/IEC 11801 等作为依据，并结合我国的具体实际而制定的，主要有《综合布线系统工程设计规范》（GB 50311—2016）、《综合布线系统工程验收规范》（GB/T 50312—2016）、《信息技术 用户建筑群的通用布缆》（GB/T 18233—2018）、《数据中心设计规范》（GB 50174—2017）等，这些标准可作为综合布线系统工程实施时的技术执行和验收标准。

在国内综合布线系统工程中，常用的国外标准不是很多，通常以国内标准为主。

2. 综合布线系统的设计等级

智能楼宇综合布线系统的设计等级完全根据用户的实际需要，不同的要求可以给出不同的设计等级。通常，综合布线系统的设计等级可以分成三大类：基本型、增强型、综合型。

（1）基本型设计等级　基本型设计等级用于配置标准较低的场合，能够支持语音或综合型语音/数据产品，并且能够升级到增强型或综合型布线系统等级。它的基本配置主要包括每个工作区有一个信息插座、每个工作区有一个水平布线（4 对 UTP 双绞线电缆）系统、完全采用 110A 交叉连接硬件，并与未来增加的设备兼容，每个工作区的干线电缆至少有 4 对双绞线，2 对用于数据传输、2 对用于语音传输。

基本型设计等级的特点主要表现为：能够支持所有语音和数据传输的应用，支持语音、综合型语音/数据的高速传输，便于技术人员维护和管理，能够支持众多厂家的设备和特殊信息的传输。

（2）增强型设计等级　增强型设计等级不仅支持语音和数据处理的应用，还支持图像、影像、影视和视频会议等。该类设计方案不仅可以增加功能，还可以提供发展余地，并且能按需要利用接线板进行管理。它的基本配置主要包括每个工作区有 2 个或 2 个以上信息插座、每个信息插座均有独立的水平布线（4 对 UTP 双绞线电缆）系统、采用 110A 或 110P 交叉连接硬件、每个工作区的干线电缆至少有 8 对双绞线。

增强型设计等级的特点主要表现为：每个工作区有 2 个以上的信息插座，灵活方便、功能齐全，任何一个信息插座都可以提供语音和高速数据传输，可统一色标，按需要用户可以利用接线板进行管理，便于维护和管理，是一个能够为众多厂商提供服务环境的布线方案。

（3）综合型设计等级　综合型设计等级适用于配置标准较高的场合，它是用光缆和双绞线电缆混合组网。它的基本配置主要包括每个工作区有 2 个或 2 个以上信息插座、在建筑物及建筑群的干线或配线子系统中配置 62.5 μm 的光缆或光纤到桌面、每个工作区的电缆中应有 2 条以上的双绞线、每个工作区的干线电缆中配有 4 对双绞线。

综合型设计等级的特点主要表现为：每个工作区有 2 个以上的信息插座，灵活方便、功能齐全，任何一个信息插座都可以提供语音和高速数据传输，用户可以利用接线板进行管理，便于维护和管理，有一个很好的环境为用户提供服务。

【项目实训环境】

一套 THBAES 智能楼宇工程综合布线系统实训装置；一套安装工具；常用线缆和线槽等辅助材料。

【项目实训任务】

任务 1   综合布线系统的认知

一、任务目的

（1）能够认知综合布线实训系统的主要设备并能描述其功能。

（2）能够描述综合布线实训系统的系统构成及工作原理。

（3）能够绘制综合布线实训系统的系统结构图。

二、任务实施

1. 认知综合布线实训系统设备

综合布线系统是一个用于语音、数据、影像和其他信息技术的标准结构化布线系统。本套实训装置中，综合布线系统主要由程控交换机、以太网交换机、RJ45配线架、语音配线架、电话、语音模块、信息模块、RJ45 水晶头、RJ11 水晶头以及相关线缆等组成。

（1）程控交换机   程控交换机如图 5-2 所示，全称为存储程序控制交换机（与之对应的是布线逻辑控制交换机，简称布控交换机），也称为程控数字交换机或数字程控交换机。通常专指用于电话交换网的交换设备，它以计算机程序控制电话的接续。程控交换机是利用现代计算机技术，完成控制、接续等工作的电话交换机。程控交换机的基本功能有电话用户线接入（内部分机之间、外线与分机之间）、中

图 5-2   程控交换机

继接续、计费、设备管理等。

（2）以太网交换机　以太网交换机如图 5-3 所示，是基于以太网传输数据的交换机，用于组建局域网，连接终端设备，如 PC 机及网络打印机等。以太网交换机的每个端口都直接与终端设备（如主机）相连，并且一般都工作在全双工方式；交换机能同时连通许多对端口，使每一对相互通信的主机都能像独占通信媒介那样，进行无冲突地传输数据；每个端口的用户都独占传输媒介的带宽。

图 5-3　以太网交换机　　　　　　　　　　　图 5-4　语音配线架

（3）配线架　综合布线系统的最大特点是利用同一接口和同一种传输介质，它的实现就是主要通过连接不同信息的配线架之间的跳接来完成的，可以通过它传输各种不同信息。

① 语音配线架　100 对 110 语音配线架如图 5-4 所示，主要用于配线间和设备间的语音线缆的端接、安装和管理。电话配线架作为综合布线系统的核心产品，起着传输信号的灵活转接、灵活分配以及综合统一管理的作用。

② RJ45 配线架　RJ45 配线架如图 5-5 所示，主要用于水平配线。前面板用于连接集线设备的 RJ-45 端口，后面板用于连接从信息插座延伸过来的双绞线。双绞线配线架主要有 24 口和 48 口两种形式。

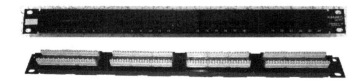

图 5-5　RJ45 配线架　　　　　　　　　　图 5-6　电话

（4）电话　电话如图 5-6 所示，是一种可以传送与接收声音的远程通信设备。

（5）语音模块、信息模块　语音模块与信息插座配套使用。模块安装在信息插座中，一般是通过卡位方式来固定。通过它把网线或电话线与接好水晶头的到工作站端的网线或电话线相连。本系统中，主要使用两种模块：语音模块（也称电话模块，如图 5-7 所示）和信息模块（也称网络模块，如图 5-8 所示）。这两种模块在企业网络中是普遍应用的，它属于一个中间连接器，可以安装在墙面或桌面上，需要使用时只需用一条网线或电话线即可与模块另一端通过网线或电话线所连接的设备连接，非常灵活。从另一个方面讲，也美化了整个布线环境。

图 5-7　语音模块　　　　　　　　　　　　　　　图 5-8　信息模块

（6）RJ45 水晶头、RJ11 水晶头

① RJ45 水晶头　如图 5-9 所示，是网络中标准 8 位模块化接口的俗称，有 8 个触点，压接于网络跳线的两端，插接于网络接口中。

图 5-9　RJ45 水晶头　　　　　　　　　　　图 5-10　RJ11 水晶头

② RJ11 水晶头　如图 5-10 所示，RJ11 接口和 RJ45 接口类似，是语音模块化接口的俗称，有 2/4/6 个触点，压接于电话跳线的两端，插接于电话接口中。

（7）线缆　本综合布线实训系统中，使用两种线缆：超五类双绞线和电话线。

① 超五类双绞线　超五类双绞线指的是超五类非屏蔽双绞线（UTP），如图 5-11 所示。非屏蔽双绞线电缆是由 4 对双绞线和一个塑料护套构成。超五类双绞线是目前最常用的双绞线之一，应用广泛。它具有衰减小、串扰少的特点，并且具有更高的衰减与串扰的比值和信噪比以及更小的时延误差，性能得到很大提高，主要用于千兆位以太网。

图 5-11　超五类双绞线　　　　　图 5-12　电话线　　　　　图 5-13　网络测试仪

② 电话线　常见规格有二芯和四芯，目前最常用的是二芯，如图 5-12 所示。

（8）网络测试仪　网络测试仪如图 5-13 所示，是网络检测辅助设备，主要用于综合布线施工和维护中通信介质的检测，以排查线路故障。

2. 认知综合布线实训系统的系统结构

本套实训装置中，综合布线系统的系统结构如图 5-14 所示。该系统能够通过程控交换机的设置，实现整个实训系统中所有电话的互相通话；通过网络交换机，实现整个实训系统中所有网络节点的网络通信。

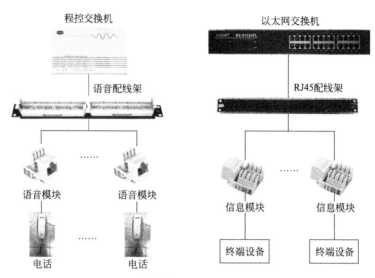

图 5-14 综合布线系统的系统结构图

任务 2 综合布线系统的安装与调试

一、任务目的

（1）能够描述综合布线实训系统主要设备的端接方式。
（2）能够识读综合布线实训系统的系统接线图。
（3）能够描述综合布线实训系统实现的系统功能。
（4）能够正确进行综合布线实训系统的安装、参数设置及功能调试。
（5）能够正确使用综合布线实训系统，以实现系统功能。

二、任务实施

1. 认知系统设备的端接方式

（1）RJ45 配线架 在 RJ45 配线架背面放置标示后，参考 T568B 标准，按颜色对应打线，左边为花色，右边为纯色，如图 5-15 所示。

（2）RJ45 水晶头 如图 5-16 所示，是按照 T568B 标准压接网线，其线序为：1-白橙、2-橙、3-白绿、4-蓝、5-白蓝、6-绿、7-白棕、8-棕。

（3）信息模块 按照信息模块背面色标进行端接，注意在进行端接时采用

T568B 标准，保持整个线路中的标准一致，如图 5-8 所示。

图 5-15　RJ45 配线架端接标识图　　　　图 5-16　RJ45 水晶头端接线序

2. 系统接线图

综合布线实训系统的接线图如图 5-17 所示。

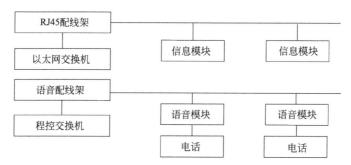

图 5-17　综合布线系统的系统接线

3. 系统的安装与调试

（1）系统功能

① 按照 T568B 标准对 RJ45 配线架、数据模块进行打线操作。

② 对电话配线架和语音模块进行打线，实现语音网络的连通。

③ 按照 T568B 标准制作 2 根 1m 长的网络跳线，利用网络测试仪检验。

④ 设置程控交换机 801 和 802 端口对应的电话号码分别为 101 和 102，且两部电话机可通过两个语音插座实现通话。

（2）施工流程　为了强化智能楼宇系统工程能力，本实训在模拟的现场施工环境中，依照从准备到施工的基本流程完成实训任务。

① 施工前准备　在此阶段，主要完成以下两项任务：

a. 依据前期的系统设计，填写设备及材料清单。

b. 依据清单，领取设备和材料，并检查设备外观。

② 施工　在此阶段，主要完成以下五项任务：

a. 依据系统设计和系统接线图，安装与连接设备。

b. 对安装完成的系统设备进行自检。

c. 安装完成后，系统通电检查。

d. 依据功能需求，设置系统设备参数，调试系统功能。

e. 功能调试完成后，填写调试报告。

（3）系统设备及材料清单　综合布线系统的设备清单及材料清单如表 5-1 和表 5-2 所列。

表 5-1　综合布线系统的设备清单

序号	名称	型号	数量	备注
1	RJ45 配线架	KN515 24 口	1	
2	以太网交换机	KN-1024P＋	1	
3	电话程控交换机	LC-208	1	
4	电话配线架	KN-529	1	
5	单口面板	KN-503	4	
6	语音模块	KN-519	2	
7	信息模块	KN-509	2	
8	电话机	T-026	2	
9	RJ45 水晶头	RJ45	4 个	
10	RJ11 水晶头	RJ11	6 个	

表 5-2　综合布线系统的材料清单

序号	名称	型号	数量	备注
1	超五类双绞线			
2	电话线			
3	PVC 线槽			
4	螺钉、螺母			
5	尼龙扎带			

（4）系统设备安装及连接　为了能够正确安装系统设备，应该在实训之前，仔细阅读系统设备的安装方法。为了能够保证实训的安全进行，在实训过程中，要注意安全操作、安全用电。综合布线系统主要设备的安装步骤如下所述。

① 设备安装

a. 程控交换机　将程控交换机放置在管理中心房间的网络机柜的网络硬盘录像机上面。

b. 以太网交换机　将以太网交换机固定到管理中心房间的网络机柜内的下方。

c. RJ45 配线架和 100 对 110 配线架　将配线架固定到管理中心房间的网络机柜内的以太网交换机的下方和墙柜中，它们的安装方式相同。

d. 底盒和模块的安装　将底盒固定到智能大楼房间的中间网孔板上，并将模块固定到底盒的面板上，安装时要注意安装方向，避免安装后无法正常连接水晶头。

② 系统接线

a. RJ45 配线架　在 RJ45 配线架背面放置标示后，参考 T568B 标准，按颜色对应打线，左边为花色，右边为纯色，如图 5-18 所示。

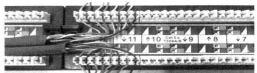

图 5-18　RJ45 配线架打线效果图

b. 100 对 110 配线架

ⓐ 先将从程控交换机出来的电话线全部对应地放进网络机柜内 100 对 110 配线架的卡槽内，接着手持连接模块，使连接模块上面的灰色标识向下，对准卡槽使劲插入，将其固定到 110 电话配线架上面。

ⓑ 使用打线工具将线缆固定，并切断多余的导线。

ⓒ 剥去电话线的绝缘胶皮，并将电话线按照红、绿颜色分别卡在连接模块的蓝、橙、绿、棕标识两边。

ⓓ 手持打线钳，将卡刀（有刀刃口的一端朝外）一端插入已插好线的接线模块的卡槽内，用力往下压打线钳的另一端，当听到"卡"的一声，则表示已将线卡入接线块的卡槽内；使用相同的办法将其他线缆卡接到连接模块的卡槽内，打线效果如图 5-19 所示。

图 5-19　100 对 110 配线架打线效果图

c. 模块的接线

ⓐ 手持压线钳（有双刀刃的面靠内；单刀刃的面靠外），将超五类线从压线钳的双刀刃面伸到单刀刃面，并向内按下压线钳的两手柄，剥取一端超五类线的绝缘外套约 30mm 长（注意：该操作过程中容易造成导线被误切断）。

ⓑ 取一根剥除绝缘胶皮的线，按照信息模块上标识（B 类线标准）的颜色，放入对应信息模块 5 或信息模块 6 接线块的卡槽内。

ⓒ 手持打线钳，将卡刀（有刀刃口的一端朝外）一端插入已插好线的信息模块接线块的卡槽内，用力往下压打线钳的另一端，当听到"卡"的一声，则表示已将线卡入接线块的卡槽内。

用步骤ⓐ～ⓒ的同样方法，将超五类线的另外 7 根线卡入信息模块接线块的卡槽内，接线效果如图 5-20 所示。

图 5-20　信息模块接线效果图　　　　图 5-21　电话模块接线效果图

电话模块的卡线仅需卡接中间的两根线缆，方法与 RJ45 模块相同，接线效果如图 5-21 所示。

d. 系统布线　参考系统接线图，按以下要求布线。

ⓐ 智能大楼内中间网孔板的上部，从左往右，第一个信息插座为语音插座，连接到网络机柜内的 100 对 110 电话配线架上，最后连接到程控交换机的 801 端口；第二个信息插座连接到网络机柜内的 RJ45 配线架的第一个端口。

ⓑ 智能大楼内中间网孔板的下部，从左往右，第一个信息插座为语音插座，连接到网络机柜内的 100 对 110 电话配线架上，最后连接到程控交换机的 802 端口，第二个信息插座连接到网络机柜内的 RJ45 配线架的第二个端口。

ⓒ 使用网络跳线连接网络机柜内的 RJ45 配线架前两个端口到以太网交换机的以太网端口。

（5）系统功能调试及使用　完成系统设备安装、连接后，要进行系统功能调试。调试过程主要包括网络跳线和语音跳线的制作、程控交换机的参数设置。

① 制作网络跳线

a. 手持压线钳（有双刀刃的面靠内；单刀刃的面靠外），将超五类线从压线钳的双刀刃面伸到单刀刃面，并向内按下压线钳的两手柄，剥取一端超五类线，如图 5-22 所示。

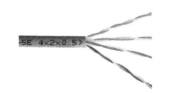

图 5-22　剥取一端超五类线　　　图 5-23　排线序　　　图 5-24　将排好线序插
　　　　　　　　　　　　　　　　　　　　　　　　　　　　　入水晶头的卡线槽

b. 按照 T568B 标准，将剥取端的 8 根线按 1—白/橙、2—橙、3—白/绿、4—蓝、5—白/蓝、6—绿、7—白/棕、8—棕的顺序排成一排，如图 5-23 所示。

c. 取一个 RJ45 水晶头（带簧片的一端向下，铜片的一端向上），将排好的 8 根线成一排按顺序完全插入水晶头的卡线槽，如图 5-24 所示。

d. 将带线的 RJ45 水晶头放入压线钳的 8P 插槽内，并用力向内按下压线钳的两手柄，如图 5-25 所示，按下 RJ45 水晶头的簧片，即完成网络跳线一端的制作。

图 5-25　压线

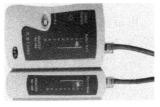
图 5-26　测试网络跳线

图 5-27　语音跳线

e. 重复步骤 a.～d.，制作网络跳线另一端。

f. 将做好的跳线两端，分别插入到网络测试仪的两个 8 针的端口，然后将测试仪的电源开关打到"ON"的位置，此时测试仪的指示灯 1～8 应依次闪亮，如图 5-26 所示。如有灯不亮，则表示所做的跳线不合格。其原因可能是两边的线序有错，或线与水晶头的铜片接触不良，需重新压接 RJ45 水晶头。

② 制作语音跳线

a. 使用压线钳剥去一段电话线的外套。

b. 将电话线按照绿、红的顺时针方向排列，插入 RJ11 水晶头（带簧片的一端向下，铜片的一端向上）的正中两插槽内。

c. 将该 RJ11 水晶头放入压线钳的 6P 插槽内，并用力向内按下压线钳的两手柄。

d. 重复步骤 a.～c.，制作电话线另外一端的 RJ11 水晶头，如图 5-27 所示。

e. 将做好的跳线两端，分别插入到网络测试仪两个 6 针的端口，然后将测试仪的电源开关打到"ON"的位置，此时测试仪的指示灯 3、4 依次闪亮，如有灯不亮，则所做的跳线不合格。其原因可能是两边的线序有错，或者线与水晶头的铜片接触不良，需重新压接 RJ11 水晶头。

③ 程控交换机的调试

a. 使用语音跳线连接程控交换机的系统设置端口（801 端口）与电话。

b. 提起该电话的话筒，连续输入"＊01 8888＃"（"01"为操作代码，"8888"为系统密码）代码，听到"嘟"一声时，表示该程控交换机已进入编程状态，此时不挂机。

c. 连续输入"＊6 801 100＃"（其中"6"为操作代码，"801"为原交换机 801 端口的分机号码，"100"为 802 端口新的分机号码）。当听到"嘟"的一声后，将电话机 1 挂机。

d. 重复步骤 a.～c. 的操作，将电话程控交换机的电话端口 801、802 分别对应电话号码 101、102，然后挂断电话，完成设置。

④ 电话通话

a. 使用两根语音跳线分别连接智能大楼的语音插座端口 1 和语音插座端口 2 到电话机 1 和电话机 2。

b. 提起电话机 1，拨 102，电话机 2 振铃。

c. 提起电话机 2，则可以实现通话。

4. 系统常见故障分析

（1）现象：网络测试不通。

原因分析：a. 网络设备端接不良；b. 网络设备故障；c. 网络跳线故障；d. 网络测试仪故障。

排除方法：a. 重新连接；b. 更换网络设备；c. 重新制作网络跳线；d. 更换网络测试仪。

（2）现象：语音测试不通。

原因分析：a. 语音设备端接不良；b. 语音设备故障；c. 语音跳线故障；d. 网络测试仪故障。

排除方法：a. 重新连接；b. 更换语音设备；c. 重新制作语音跳线；d. 更换网络测试仪。

【项目小结】

综合布线系统是一个用于语音、数据、影像和其他信息技术的标准结构化布线系统。

一个设计完好的综合布线系统应建立在构件或布线单元基础之上，它由六个独立的子系统组成：建筑群子系统、设备间子系统、垂直干线子系统、水平子系统、管理子系统和工作区子系统。

通常，综合布线系统的设计等级可以分成三大类：基本型、增强型、综合型。

本套综合布线实训系统主要由程控交换机、以太网交换机、RJ45 配线架、语音配线架、电话、语音模块、信息模块、RJ45 水晶头、RJ11 水晶头以及相关线缆等组成。该系统能够通过程控交换机的设置，实现整个实训系统中所有电话的互相通话；通过网络交换机，实现整个实训系统中所有网络节点的网络通信。在项目实训过程中，培养了学生的团队协作能力、计划组织能力、楼宇设备安装与调试能力、工程实施能力、职业素养和交流沟通能力等。

1. 简述综合布线系统的含义及组成。
2. 列举几种综合布线系统常用标准。
3. 通常综合布线系统的设计等级可以分成哪几类？
4. 简述综合布线实训系统的系统构成及工作原理。
5. 绘制综合布线实训系统的系统接线图。
6. 简述综合布线实训系统主要设备的功能。
7. T568B标准对网络跳线的线序是如何规定的？
8. 总结实训中遇到的故障及解决方法。

项目 6
DDC 控制系统集成

【项目引导】

　　楼宇自动化系统（building automation system，BAS）是智能楼宇的重要组成部分，监控着智能楼宇的运行。具体地说，它用于对楼宇内各种机电设备进行集中管理和监控，主要包括供配电、照明、暖通空调、给排水、电梯、停车场、安防、消防等子系统。通过对各个子系统进行监测、控制、信息记录，实现分散节能控制和集中科学管理，为用户提供良好的工作和生活环境，同时为管理者提供方便的管理手段，从而减少楼宇的能耗并降低管理成本。本项目以简易照明系统为例介绍DDC 控制系统的集成。

　　通过对本项目的学习，应达到以下的知识和技能目标：
- 了解集散控制系统的概念及系统结构。
- 理解 DDC 的工作原理及功能。
- 了解组态软件的功能。
- 了解 LonWorks 技术。
- 能够描述实训装置中楼宇照明 DDC 控制系统的构成，并能够认知其主要设备。
- 能够描述实训装置中楼宇照明 DDC 控制系统的系统结构及系统工作原理。
- 能够正确使用实训装置中楼宇照明 DDC 控制系统，并进行简单的系统设计。
- 能够正确完成实训装置中楼宇照明 DDC 控制系统的设备安装、系统功能调试，并能进行故障分析及排除。

【项目相关知识】

一、集散控制系统概述

　　计算机控制系统是楼宇自动控制系统中一个重要的组成部分，用于完成预先规定的控制任务。根据控制对象的不同、所完成控制任务的不同及控制要求和使用设备的不同，各个系统的具体组成千差万别。根据计算机参与控制的方式及特点的不同，一般计算机控制系统分为操作指导控制系统、直接数字控制系统、集散控制系统、现场总线与网络控制系统等类型。

目前，楼宇自动化系统主要采用基于现代控制理论的集散型计算机控制系统。集散控制系统（distributed control system，DCS）是采用集中管理、分散控制的计算机控制系统。它通过分布在现场的直接数字控制器（direct digital controller，DDC），实现对楼宇内的机电设备的分散控制，再由上位计算机借助于组态软件实现对 DDC 的监控和管理，将现场的实际情况以动态画面的方式显示在中央控制室的监控计算机上。集散控制系统结构如图 6-1 所示，它是一种横向分散、纵向分层的体系结构，其功能分层为现场控制级、监控级和中央管理级，各层之间通过网络相连。

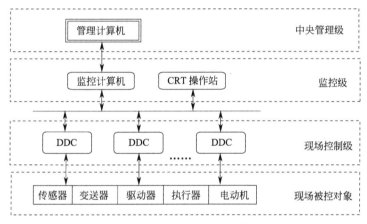

图 6-1　集散控制系统结构

（1）现场控制级　现场控制级由现场的直接数字控制器 DDC 及通信网络组成。DDC 是以功能相对简单的工业控制计算机、微处理器或微控制器为核心，具有多个 DO、DI、AO、AI 通道，可与各种低压控制电器、传感器、执行机构等直接相连的一体化装置，用来直接控制各个被控设备，并且能与中央控制管理计算机通信。

（2）监控级　监控级由一台或多台通过局域网相连的计算机工作站构成，作为现场控制器的上位机。监控站直接与现场控制器通信，监视其工作情况，并将来自现场控制器的系统状态和数据通过网络传递到监控站，再由监控站实现具体操作。但需注意的是，监控站的输出并不直接控制执行机构，而是给出现场控制器的给定值。监控级的主要功能包括：采集数据，进行数据的转换与处理；进行数据监视与存储，实现连续控制、批量控制或顺序控制的运算和输出控制；进行数据和设备的自诊断；实现数据通信等。

（3）中央管理级　中央管理计算机是以中央控制室操作站为中心，辅以打印机、报警装置等外部设备组成，它是集散控制系统人机联系的主要界面。中央管理级的主要功能包括：实现数据记录、存储、显示和输出；优化控制和整个集散控制系统的管理调度；实现故障报警、事件处理和诊断；实现数据通信等。

二、DDC 概述

直接数字控制器（direct digital controller，DDC）又称为下位机，是一种具有控制功能和运算功能的嵌入式计算机控制装置。它直接与现场设备及计算机相连，可以实现对被控设备特征参数与过程参数的测量，以达到控制目标。"数字"表示它可以利用计算机完成控制功能，"直接"意味着它可以安装在被控设备附近。所以 DDC 作为现场控制器，既可以通过通信网络接收中央管理计算机的统一监控和优化管理，也可以脱离计算机独立完成现场控制，它具有可靠性高、控制功能强、可编写程序等特点。

1. DDC 的工作原理

DDC 通常用于计算机集散控制系统，它利用输入端口（模拟量输入通道 AI、数字开关量输入通道 DI）连接现场设备并采集现场信号［如来自于现场的手动控制信号、传感器（变送器）信号以及其他连锁控制信号等］；CPU 接收到输入信息后，按照预定的程序进行运算，并发出控制信号；通过它的输出端口（模拟量输出通道 AO、数字开关量输出通道 DO）实现对被控设备（如外部阀门控制器、风门执行器、电机等设备）的控制。

2. DDC 的输入/输出接口

（1）DDC 的输入接口　DDC 的输入接口是把现场各种模拟信号、开关信号转变成 DDC 内部处理的标准信号。其中，模拟量输入通道 AI 为模拟量输入信号，开关量输入通道 DI 为数字量输入信号。

① AI（模拟量输入通道）　AI 接口一般与模拟信号相连，如温度、压力、流量、液位、空气质量等，它们通过相应的传感器测量并经过变送器转变成标准的电信号，如 $0\sim5V$、$0\sim10V$、$-10V\sim10V$、$4\sim20mA$ 等。经过 DDC 内部的 A-D 转换后变成数字量，再由 DDC 进行分析处理。

② DI（开关量输入通道）　DI 接口一般与开关信号连接，如开关量传感器的输出、主令电器触点、其他电气连锁触点等。DDC 可以直接判断 DI 通道上的开关信号，并将其转换成数字信号（通为"1"，断为"0"），这些数字量经过 DDC 进行逻辑运算和处理。一般 DI 接口没接外设或所接外设是断开状态时，DDC 将其判定为"0"；当外设开关信号接通时，DDC 将其判定为"1"。

（2）输出接口　输出接口是把 DDC 运算、控制、分析处理后的结果输出为各种开关信号、模拟信号，以驱动现场的阀门、驱动器、执行器、低压电器元件等进行动作。其中，模拟量输出通道 AO 为模拟量输出信号，开关量输出通道 DO 为数字量输出信号。

① AO 通道（模拟量输出通道）　DDC 可以将数值量的当前值经过 D-A 转换后输出给 AO 通道。转换后的信号变成了标准电信号。模拟量输出信号一般用来控制比例、风阀、水阀等。

② DO 通道（开关量输出通道）　DDC 可直接将数字量输出状态输出给 DO 通道，用于驱动继电器或接触器的线圈、电磁阀门的线圈、NPN 或 PNP 型三极管、可控硅、晶闸管器件等。它们被用来控制开关型阀门的开/闭、电机的启/停、照明灯的开/关等。

3. DDC 的功能

① 配备功能强大的 I/O 智能单元，可以很方便地和现场设备进行连接，并对现场设备进行周期性的数据采集。

② 对采集的数据进行调整和处理（滤波、放大、转换等）。

③ 对现场设备采集的信息进行分析和运算，并控制现场设备的运行状态。

④ 实时对现场设备的运行状态进行检查对比，对异常状态进行报警处理。

⑤ 根据现场采集的数据执行预定的控制算法（连续调解和逻辑控制）。

⑥ 具备现场操作及现场编程接口，通过预定的程序完成各种控制功能，对现场设备执行各种命令（如事件响应程序等）。

⑦ 具有很强的联网通信能力，可以进行站点组合。

⑧ 可以实时地与上位计算机进行数据交换。

DDC 被广泛应用于智能楼宇系统和电气工程自动化中，如办公楼、学校、医院、宾馆以及工业建筑等。智能楼宇的大多数自动化系统，如新风机组空调箱、变风量系统、空气处理系统、通风系统、给排水系统等，均可连接到 DDC 系统。

三、组态软件概述

在集散控制系统中，DDC 的作用是接收上行计算机的指令去控制输出，同时不断采集现场信息并反馈给上行计算机；上行计算机在整个过程中的监视与控制是通过组态软件来完成的。

组态软件又称为组态监控系统软件，简称数据采集与监视控制（supervisory control and data acquisition，SCADA），是数据采集与过程控制的专用软件。它们是在自动控制系统的监控级的软件平台和开发环境，使用灵活的组态方式，为用户提供快速构建工业自动控制系统监控功能的、通用层次的软件工具。组态软件的应用领域很广，可以应用于电力系统、给水系统、石油、化工等领域的数据采集与监视控制以及过程控制等诸多领域。

组态软件没有明确的定义，它可以理解为组态式监控软件。组态的含义有配置、设定等意思，是指用户通过类似"搭积木"的简单方式来完成自己所需要的软件功能，不需要编写计算机程序，有时也称为"二次开发"，因此组态软件也称为"二次开发平台"。监控，即监视和控制，指通过计算机信号对自动化设备或过程进行监视、控制和管理。

组态软件提供了人机交换的方式，它就像一面窗口，是操作人员与 DDC 之间进行对话的接口。利用组态软件与 DDC 连接，能够实时地将 DDC 采集上来的信息以动态画面的形式反映在计算机屏幕上，以此来实现对现场设备的实时监控。如图 6-2 所示为一个本项目系统监控界面。

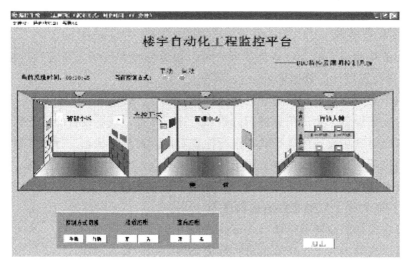

图 6-2 楼宇照明 DDC 控制系统的监控界面

本项目使用的组态软件是力控组态软件。它是对现场生产数据进行采集与过程控制的专用软件，最大的特点是能以灵活多样的"组态方式"而不是编程方式来进行系统集成。它提供了良好的用户开发界面和简捷的工程实现方法，只要将其预设置的各种软件模块进行简单的"组态"，便可以非常容易地实现和完成上位机监控的各项功能。力控组态软件的主要组件说明如下。

（1）工程管理器　工程管理器用于工程管理，包括用于创建、删除、备份、恢复、选择工程等。软件界面如图 6-3 所示。

（2）开发系统　开发系统是一个集成环境，可以完成创建工程画面、配置各种系统参数、脚本、动画、启动力控其他程

图 6-3 工程管理器界面

序组件等功能。软件界面如图 6-4 所示。

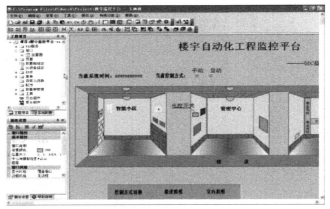

图 6-4　开发界面

（3）界面运行系统　界面运行系统用来运行由开发系统 Draw 创建的画面、脚本、动画连接等工程，操作人员通过它来实现实时监控。点击运行按钮，系统就会进入监控界面，如图 6-2 所示。

（4）实时数据库　实时数据库是力控软件系统的数据处理核心，是构建分布式应用系统的基础，它负责实时数据处理、历史数据存储、统计数据处理、报警处理、数据服务请求处理等，如图 6-5 所示。

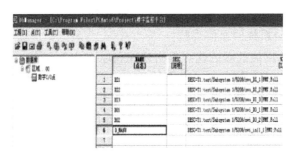

图 6-5　数据库界面

（5）I/O 设备　I/O 设备负责力控与控制设备的通信，它将 I/O 设备寄存器中的数据读出后，传送到力控的实时数据库，以使数据的变化在界面运行系统上通过监控画面动态显示。力控组态软件支持的外部设备如图 6-6 所示。

四、 LonWorks 技术概述

LonWorks 技术是由美国埃施朗（Echelon）公司于 1991 年推出。LonWorks 技术所使用的标准通信协议是 LonTalk 协议，该协议遵循国际标准化组织（ISO）1984 年公布的开放系统互联（OSI）参考模型的定义，它提供了（OSI）参考模型

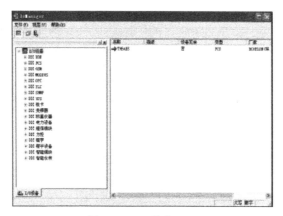

图 6-6 I/O 设备界面

定义的全部 7 层协议，通过变量直接面向对象通信，网络协议开放，可以实现互操作。每一个域最多有 255 个子网，每个子网最多可以有 127 个节点。所以，一个域最多可以有 32385（255×127）个节点。LonWorks 技术是专门为实时控制而设计的，在 Lon 网络中，设备（如传感器、执行器等）和 Lon 的控制节点相互配合，使用 LonTalks 协议，经过多种传输媒体进行节点之间的通信，可灵活组成各种各样的分布式智能控制系统。

LonWorks 技术是能在控制层提供互操作的现场总线技术，其安装的节点数超过了任何其他现场总线产品，几乎囊括了测控应用的所有范畴。LonWorks 技术有效地解决了集散控制系统的通信难题。

LonWorks 控制网络技术的优点集中体现在以下几个方面：

① Neuron 芯片是 LonWorks 技术的核心元件，它内部带有 3 个 8 位微处理器：1 个用于链路层的控制；1 个用于网络层的控制；1 个用于执行用户的应用程序。该芯片还包括 11 个 I/O 口和完整的 LonTalk 通信协议。包括神经元芯片的Lon 节点具有通信和控制功能，部分节点故障不会造成系统瘫痪，对系统的调试、维护和稳定性具有重要意义。

② LonWorks 技术支持多种通信介质（双绞线、电力线、电源线、光纤、无线和红外）以及它们之间的互联。

③ 由于 LonWorks 技术直接面向对象通信，开发人员只需将主要精力花在Lon 节点应用设计方面，而不需要专门去实现和测试传输线路和通信系统。

④ LonWorks 的微处理器接口程序是 MIP 软件。用 MIP 软件可以开发出各种低成本的网关，从而使各种网络的互联成为轻而易举的事情。

⑤ 提供了 LonBuilder、NodeBuilder、Neuron C 及 LonManager 等强有力的开发工具平台，给系统设计、维护和升级改造带来极大的方便。

【项目实训环境】

一套 THBAES 智能楼宇工程实训装置的楼宇照明 DDC 控制系统；一套安装工具；常用线缆和线槽等辅助材料。

【项目实训任务】

任务 1　楼宇照明 DDC 控制系统的认知

一、任务目的

（1）能够认知楼宇照明 DDC 控制实训系统的主要设备并能描述其功能。

（2）能够描述楼宇照明 DDC 控制实训系统的系统构成及工作原理。

（3）能够绘制楼宇照明 DDC 控制实训系统的系统结构图。

二、任务实施

1. 认知楼宇照明 DDC 控制系统设备

楼宇照明 DDC 控制实训系统采用 LonWorks DDC 完成对该模块的自动化控制，采用工业组态软件完成系统监控。它主要由 DDC 控制器、LonWorks 网卡、上位监控系统（力控组态软件）、DDC 控制箱、光控开关和照明灯具等组成。

DDC 控制系统，由 LonWorks DDC 控制器、LON 网卡、Lonmaker 编程软件和力控组态软件组成，通过 DDC 编程、LonWorks 网络组网和系统集成，实现对楼宇照明系统的自动化监控。

（1）DDC 控制器　目前国内常用的楼宇控制系统有霍尼韦尔、西门子、江森、施耐德电气、清华同方、海湾等品牌，不同厂家不同型号的 DDC 功能、结构和使用都不相同。在本套实训系统中使用的是海湾的 DDC 控制模块：HW-BA5208 和 HW-BA5210。它们采用 LONWORKS 现场总线技术与外界进行通讯，具有网络布线简单、易于维护等特点。

① HW-BA5208 DDC 控制模块　如图 6-7 所示。控制器可完成对楼控系统及各种工业现场标准开关量信号的采集，并且对各种开关量设备进行控制。该模块具有 5 路干触点输入端口，DI 口配置可以自由选择；具有 5 路触点输出端口，可提供无源常开和常闭触点，并对其进行不同方式的处理。控制器内部集成多种软件功能模块，通过相应的 Plug_in，可方便地对其进行配置。通过配置，可使控制器内部各软件功能模块任意组合、相互作用，从而实现各种逻辑运算与算术运算功能。HW-BA5208 主要由 CONTROL MODULE 板、模块板和外壳等组成，面板上有

电源灯、维护灯、DI 口指示灯、DO 口指示灯、维护键、复位键、DO1～5 按键。其中，当接通电源后，电源灯应常亮；当下载程序时维护灯闪亮；当某 DI 输入口有高电平时，此口对应的 DI 指示灯点亮；当某路继电器吸合时，此路对应的 DO 指示灯点亮；维护键用于维护功能；复位键用于复位功能；当按下某个 DO 按键时，相应路为强制输出。

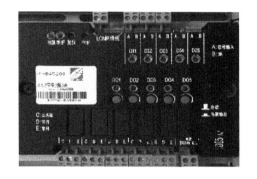

图 6-7　HW-BA5208DDC 控制模块　　　　图 6-8　HW-BA5210DDC 控制模块

② HW-BA5210 DDC 控制模块　如图 6-8 所示。控制器内部有时钟芯片，可以通过该模块对整个系统的时间进行校准；控制器内部有串行 EEPROM 芯片，可对一些数据进行记录；控制器内部集成多种软件功能模块，通过相应的 Plug_in，可对其方便地进行配置；通过配置，可使控制器内部各软件功能模块任意组合、相互作用，从而实现各种逻辑运算与算术运算功能。HW-BA5210 主要由 CONTROL MODULE 板、模块板和外壳等组成，面板上有电源灯、维护灯、维护键、复位键。其中，当接通电源后，电源灯应常亮；当下载程序时维护灯闪亮；维护键用于维护功能；复位键用于复位功能。

（2）LonWorks 网卡　LonWorks 网卡，如图 6-9 所示，可将采用 LNS 技术的集成与开发工具连接到 LonWorks 网络。该网卡可通过 LonWorks 自由拓扑信道连接，并与链路电源信道完全兼容。

图 6-9　LonWorks 网卡

（3）DDC 控制箱　DDC 控制箱，如图 6-10 所示，由电源、DDC 模块、继电器等组成，主要完成 DDC 照明控制系统的集成。

（4）光控开关　光控开关，如图 6-11 所示。它是利用照度传感器（光敏电阻）来实现光信号到电信号的转换，以达到控制电路的效果。当遇到光照射时，电阻会发生改变（一般变小）。光控开关的"开"和"关"是靠可控硅的导通和阻断来实现的，而可控硅的导通和阻断又是受自然光（区分点）的亮度（或人为亮度）的大小所控制。该装置适合作为街道、宿舍走廊或其他公共场所的照明灯，起到日熄夜亮的控制作用，以达到节约用电的效果。

（5）照明灯具　本套实训系统选用的照明灯具是 24V 射灯，如图 6-12 所示，用于三个房间和走廊的照明。

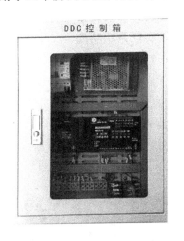 

图 6-10　DDC 控制箱　　　　　图 6-11　光控开关　　　　图 6-12　照明灯具

2. 认知楼宇照明 DDC 控制实训系统的系统结构

本套实训装置中，楼宇照明 DDC 控制系统的系统结构如图 6-13 所示。该系统通过完成 DDC 编程、软件组态应用、LonWorks 网络应用，实现对照明系统的控制。

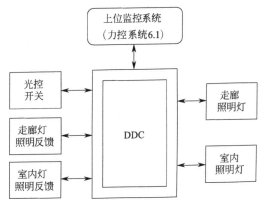

图 6-13　楼宇照明 DDC 控制系统的系统结构图

任务 2　楼宇照明 DDC 控制系统的安装与调试

一、任务目的

（1）能够描述楼宇照明 DDC 控制实训系统设备的主要连接端口的功能。

（2）能够识读楼宇照明 DDC 控制实训系统的系统接线图。

（3）能够描述楼宇照明 DDC 控制实训系统实现的系统功能。

（4）能够正确进行楼宇照明 DDC 控制实训系统的安装、参数设置及功能调试。

（5）能够正确使用楼宇照明 DDC 控制实训系统，以实现系统功能。

二、任务实施

1. 认知系统设备的端口及其功能

（1）HW-BA5208 DDC 控制模块

① 对外接线端子说明　接线端子如图 6-14 所示，各接线端子的功能说明如表 6-1 所列。

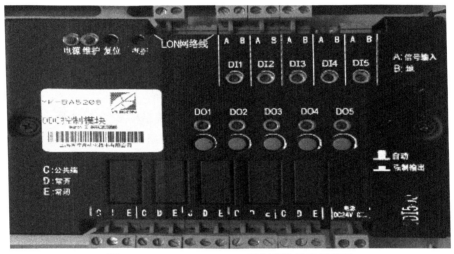

图 6-14　HW-BA5208 DDC 控制模块的接线端子

表 6-1　HW-BA5208 DDC 控制模块端子的功能说明

序号	端子名称	说明
1	DO1～5C	公共端,脉冲/数字输入
2	DO1～5D	常开,脉冲/数字输入
3	DO1～5E	常闭,脉冲/数字输入
4	DI1～5A	输入
5	DI1～5B	地
6	DC24V＋	电源＋
7	DC24V	电源-
8	NETA、NETB	LON 网双绞线端子

② 跳线说明　DI 输入信号模式选择跳线说明如表 6-2 所列。插针 X1～X5 在线路板的位置如图 6-15 所示。

表 6-2　HW-BA5208 DDC 控制模块端子的功能说明

输入信号模式	插针 X1～X5 跳线
无源干触点输入	
有源输入	

③ 调试　DO 输出口有强制输出功能,它是专为调试使用的。当需要对某输出端口进行调试时,可以将该端口对应的强制输出按钮按下,此时继电器吸合,可以对 DO 口进行调试。

④ 通用控制程序基本功能说明　HW-BA5208 通用控制程序 1 包含 5 个数字输入接口和 5 个数字输出接口。启动 Plug_in 界面包含三个选项卡:设备接口、数字输入和数字输出。

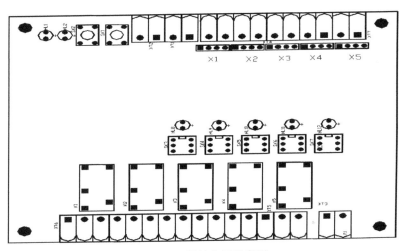

图 6-15　插针位置示意图

a. 设备接口　设备接口选项卡如图 6-16 所示,它显示了 5208 模块输入口的网络变量名称以及输入值、输出口的输入来源和输出值。该选项卡可对输入来源和输出值进行设置及修改。当点击包含网络变量名的箭头时,进入相应网络接口的内容设计界面。

b. 数字输入　数字输入功能模块对数字量输入信号的状态进行读取,并对其进行处理,处理后的值通过数字量输出网络变量输出。如图 6-17 所示的界面是对选中的数字输入接口进行配置。数字输入功能模块的输入与输出说明如表 6-3 所列。

表 6-3　输入网络变量说明

名称	类型	说明
nvo_DI	SNVT_switch	数字量输出网络变量,其意义根据处理过程的不同而不同

项目 6　DDC 控制系统集成　　／ **175** ／

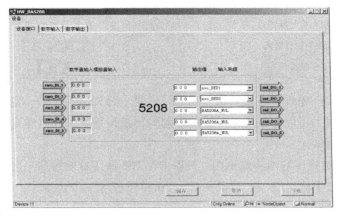

图 6-16　5208 设备接口选项卡

　　数字输入选项卡如图 6-18 所示，显示了数字输入功能模块的信息流程。采集到的原始数字量输入信号首先经过去抖、反向等处理，最后进入输出处理阶段。

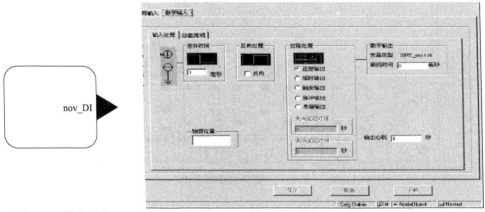

图 6-17　数字输入　　　　　　　　　图 6-18　数字输入选项卡

　　c. 数字输出　数字输出功能模块根据其输入网络变量的值经过处理后对开关量接触器的状态进行控制。数字输出功能模块的输入与输出说明如图 6-19 所示，网络变量说明如表 6-4 所列。

表 6-4　输出网络变量说明

名称	类型	说明
nvi_DO	SNVT_switch	用于驱动接触器的开关量输入网络变量。在启动 Plug_in 后，首先将其类型改为 SNVT_switch 类型

　　数字输出选项卡如图 6-20 所示，选项卡显示了数字输出功能模块的工作流程信息。

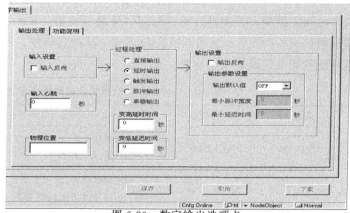

图 6-19　数字输出

图 6-20　数字输出选项卡

（2）HW-BA5210 DDC 控制模块

① 对外接线端子说明　HW-BA5210 DDC 控制模块的接线端子如图 6-21 所示，各接线端子的功能说明如表 6-5 所列。

图 6-21　HW-BA5210 DDC 控制模块的接线端子

表 6-5　HW-BA5210 DDC 控制模块端子的功能说明

序号	端子名称	说明
1	DC24V+	电源+
2	DC24V	电源-
3	NETA、NETB	LON 网双绞线端子

② 通用控制程序基本功能说明　HW-BA5210 节能运行模块共包含两种类型的功能模块，即 RealTime（实时时钟）功能模块和 EventScheduler（任务列表）功能模块。

a. RealTime 功能模块及其网络变量说明　RealTime 功能模块提供系统当前日期、时间、星期，并提供日期、时间、星期的校准。RealTime 功能模块的网络变量说明如表 6-6 所列。该功能模块无 Plug_in 配置程序，用户只需操作表中说明的网络变量即可完成相应的功能。

表 6-6　RealTime 功能模块及其网络变量说明

名称	类型	说明
nvi_TimeSet	SNVT_time_stamp	输入网络变量,对系统日期和时间进行校准,校准内容包括年、月、日、时、分、秒
nvo_RealTime	SNVT_time-stamp	输出网络变量,输出当前系统日期和时间,包括年、月、日、时、分,该网络变量 1min 刷新一次
nvi_WeekSet	SNVT_data_day	输入网络变量,对系统的星期进行校准
nvo_NowWeek	SNVT_data_day	输出网络变量,输出当日是星期几

b. EventScheduler 功能模块及其网络变量说明　EventScheduler 功能模块是根据当前系统时间、星期及用户输入的周计划表对设备进行定时启停控制。EventScheduler 功能模块的网络变量说明如表 6-7 所列。EventScheduler 功能模块无相应的 Plug_in 配置程序，用户只需操作表中说明的网络变量即可对任务列表进行设置。

表 6-7　EventScheduler 功能模块及其网络变量说明

名称	类型	说明
nvi_SchEvent	UNVT_sch	输入网络变量,用于任务列表内容的设置。该网络变量为自定义网络变量,其结构说明如下所述。 typedef struct { unsigned short enable; unsigned short subenable; unsigned short action; unsigned short hour1; unsigned short minute1; unsigned short week1; unsigned short hour2; unsigned short minute2; unsigned short week2; unsigned short hour3; unsigned short minute3; unsigned short week3; unsigned short hour4; unsigned short minute4; unsigned short week4; unsigned short hour5; unsigned short minute5;

名称	类型	说明
nvi_SchEvent	UNVT_sch	unsigned short week5； unsigned short hour6； unsigned short minute6； unsigned short week6； unsigned short hour7； unsigned short minute7； unsigned short week7； unsigned short hour8； unsigned short minute8； unsigned short week8； }UNVT_sch 其中, enable:任务列表总使能,0—屏蔽,1—使能。 subenable:各时间点的动作使能,0 表示无效,1 表示有效 第 7 位:第 1 时间段有效性;第 6 位:第 2 时间段有效性; 第 5 位:第 3 时间段有效性;第 4 位:第 4 时间段有效性; 第 3 位:第 5 时间段有效性;第 2 位:第 6 时间段有效性; 第 1 位:第 7 时间段有效性;第 0 位:第 8 时间段有效性。 action:各时间点动作,0 表示停,1 表示启。各位意义如下所述: 第 7 位:第 1 时间段动作;第 6 位:第 2 时间段动作; 第 5 位:第 3 时间段动作;第 4 位:第 4 时间段动作; 第 3 位:第 5 时间段动作;第 2 位:第 6 时间段动作; 第 1 位:第 7 时间段动作; 第 0 位:第 8 时间段动作。 hours N：第 N 个时间点的小时数,取值为 0～23; minute N：第 N 个时间点的分钟数,取值为 0～59; week N:第 N 个时间段周的相关性,0 表示无效,1 表示有效。 第 6 位:星期日的有效性; 第 5 位:星期一的有效性; 第 4 位:星期二的有效性; 第 3 位:星期三的有效性; 第 2 位:星期四的有效性; 第 1 位:星期五的有效性; 第 0 位:星期六的有效性
nvo_SchEvent	UNVT_sch	输出网络变量,用于输出任务列表设置内容,其数据结构同上
nvo_Out	SNVT_switch	输出网络变量,用于输出任务动作

c. EventScheduler 功能模块使用说明　EventScheduler 功能模块用来完成对开关量设备的定时启停操作,具体功能与特点如下:

● 设定一台设备在一天当中的 8 个时间点的启停时间表,启停时间表仅在一周当中指定的几天中有效。

● 按照已经设定好的启停时间表,通过网络变量准时输出启停命令。

● 可以使能或禁用已经设定好的启停时间表。

● 设定好的启停时间表掉电不丢失,且上位机可随时读取已经设定好的时间表。

HW-BA5210 时钟模块中共集成有 9 个任务列表功能模块。每个功能模块均包含一个用于控制设备启停的输出网络变量,将该输出网络变量绑定到与被控设备对应的输入网络变量上，即可实现对被控设备的定时启停操作。由于每个任务列表功能模块可提供 8 个启停时间点，所以当一台或多台被控设备需要超过八个的启停时间点时，就需要由多个任务列表功能模块来配合使用。当一个系统中有多台设备需要进行定时启停控制时，应按如下步骤进行操作：

- 将系统中一直具有相同启停任务表的设备归为一组。
- 为每一组设备分配一个或多个任务列表模块。
- 将任务列表模块的启停输出网络变量绑定到与其对应的一组设备的输入网络变量上。

d. EventScheduler 功能模块应用举例　假设有一组设备，该组内的设备具有相同的启停时间任务表，其中设备共有 6 个启停时间点。可见各用一个任务列表功能模块就可以实现，然后将任务列表功能模块的启停命令输出网络变量绑定到与其对应设备的相应输入网络变量上。操作说明如下：

第 1 步，确定该组设备的定时启停时间如表 6-8 所列。

表 6-8　设备启停时间控制表

设备组号	时间列表
1	周一到周五日程：①6:00 开 ②11:50 关 ③13:00 开 ④17:00 关 周六、周日日程：⑤9:00 开 ⑥16:00 关

第 2 步，根据该组设备的定时启停时间表，可对任务列表模块配置如表 6-9 所列。

表 6-9　任务列表功能模块

使能	时间点	动作	星期设置						
√	6:00	开	日	一	二	三	四	五	六
			×	√	√	√	√	√	×
√	11:50	关	日	一	二	三	四	五	六
			×	√	√	√	√	√	×
√	13:00	开	日	一	二	三	四	五	六
			×	√	√	√	√	√	×
√	17:00	关	日	一	二	三	四	五	六
			×	√	√	√	√	√	×
√	9:00	开	日	一	二	三	四	五	六
			√	×	×	×	×	×	√
√	16:00	关	日	一	二	三	四	五	六
			√	×	×	×	×	×	√
×	无关	无关	无关						
×	无关	无关	无关						

第 3 步，表 6-9 对应的网络变量数据为：

0x01, 0xfc, 0xa8, 0x06, 0x00, 0x3e, 0x0b, 0x32, 0x3e, 0x0d, 0x00,
0x3e, 0x11, 0x00, 0x3e, 0x09, 0x00, 0x41, 0x10, 0x00, 0x41, 0x00, 0x00,
0x00, 0x00, 0x00, 0x00

第 4 步，将其转化为十进制数，数据之间用空格隔开：

1 252 168 6 0 62 11 50 62 13 0 62 17 0 62 9 0 65 16 0 65 0 0 0 0 0 0

第 5 步，将计算出来的数值写入网络变量 nvi＿SchEvent，并下载到设备。

注意：不支持同一天内两个时间点相同，但动作相反的任务，因为启动和停止设定在一个时间点上，可能引起设备的反复启停。由上位机完成时间点重合时动作是否一致的判定，若不一致，给用户提示重新设定。当一个动作需要跨越两天时，不需分段处理。例如某一类设备的启动时间是：周一 20：00 启动，到周二的 8：00 停止。应该设定为：第一点，周一 20：00 启动；第二点，周二 8：00 停止。

（3）DDC 控制箱　DDC 控制箱的接线端子如图 6-22 所示，各接线端子的功能说明如表 6-10 所列。

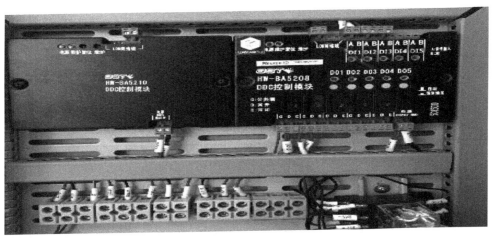

图 6-22　DDC 控制箱的接线端子

表 6-10　DDC 控制箱端子的功能说明

序号	端子名称	说明
1	Li、Ni	AC220V 电源输入
2	L、N	AC220V 电源输出,带漏电保护

序号	端子名称	说明
3	24V＋、24V-	DC24V/3A 电源输出
4	K1-5、K2-5	继电器 K1、K2 常开输出端(DC 24V＋),分别接室内、楼道两路照明灯的一端(灯的另一端接到 DC 24V-)。
5	DI3-A、DI3-B	DDC5208 第 3 路输入口,接光控开关的 COM、NO
6	NETA、NETB	DDC 控制器 LON 接口

（4）光控开关　光控开关的接线端子如图 6-23 所示,各接线端子的功能说明如表 6-11 所列。光控开关的灵敏度调节旋钮用来调节光控开关对光线的探测灵敏度,顺时针调整灵敏度升高,逆时针调整灵敏度降低。

图 6-23　光控开关的接线端子

表 6-11　光控开关端子的功能说明

序号	端子名称	说明
1	24V＋、GND	DC24V 电源正、负极,接 DDC 控制箱 DC24V 电源输出端子 24V＋、24V-
2	NO 、COM	常开端子、公共端子,接 DDC 控制箱 3 路输入端子 DI3-A、DI3-B
3	NC	常闭端子

（5）照明灯具（射灯）　射灯各接线端子的功能说明如表 6-12 所列。

表 6-12　射灯端子的功能说明

序号	端子名称	说明
1	两根电源线	一根接 DDC 控制箱的端子 DC 24V-室外灯;另一根接 DDC 控制箱的端子 K1-5 室内灯;另一根接 DDC 控制箱的端子 K2-5

2. 系统接线图

楼宇照明 DDC 控制实训系统的接线图如图 6-24 所示。

3. 系统的安装与调试

（1）系统功能　通过 DDC 控制系统的编程、组态与调试,实现楼宇照明系统的自动化监控。运用 LonMaker 编程软件对 DDC 模块进行编程,并在完成楼宇照明系统安装、接线、布线的基础上,完成组态软件工程（可用已做好的系统监控画面,但无脚本程序和动作设置）,实现以下功能：

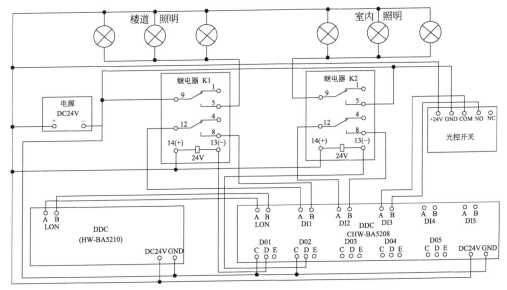

图 6-24 楼宇照明 DDC 控制实训系统的系统接线图

① DDC 控制器能分别监测光控开关、两组照明的状态。

② DDC 控制器能使用强制输出按钮分别控制两组照明的开关。

③ 能实现两组照明的手动控制。利用监控画面中的相应按钮实现两组灯的手动开关。

④ 能实现两组灯的自动控制。利用光控开关或定时控制实现两组照明的自动开关。

⑤ 当有光照时（即光控开关动作时），楼道灯关；当无光照或光照较暗时（即光控开关无动作时），楼道灯开。

⑥ 根据定时控制要求（如表 6-13 所列），控制室内照明灯的定时开关。

表 6-13　定时开关时间

日程(周)	时间列表
周一到周四	①6:00 开 ②11:50 关 ③13:00 开 ④17:00 关
周五到周日	⑤9:00 开 ⑥16:00 关

⑦ 组态监控画面应正确显示光控开关、两组照明的状态变化：光控开关动作时，显示为绿色；光控开关无动作时，显示为灰色；灯亮为黄色，灯灭为灰色。

(2) 施工流程　为了强化智能楼宇系统工程能力，本实训在模拟的现场施工环境中，依照从准备到施工的基本流程完成实训任务。

① 施工前准备　在此阶段，主要完成以下两项任务：

a. 依据前期的系统设计，填写设备及材料清单。

b. 依据清单，领取设备和材料，并检查设备外观。

② 施工　在此阶段，主要完成以下五项任务：

a. 依据系统设计和系统接线图，安装与连接设备。

b. 对安装完成的系统设备进行自检。

c. 安装完成后，系统通电检查。

d. 依据功能需求，设置系统设备参数，调试系统功能。

e. 功能调试完成后，填写调试报告。

（3）系统设备及材料清单　楼宇照明 DDC 控制系统的设备清单及材料清单如表 6-14 和表 6-15 所列。

表 6-14　楼宇照明 DDC 控制系统的设备清单

序号	名称	型号	数量	备注
1	DDC 控制器	HW-BA5208	1 只	
2	DDC 控制器	HW-BA5210	1 只	
3	力控组态软件 6.1	768 点	1 套	
4	U10 USB 接口卡	型号 75010	1 只	
5	光控开关	THPGK-1	1 个	
6	照明灯具	射灯 24V	6 个	

表 6-15　楼宇照明 DDC 控制系统的材料清单

序号	名称	型号	数量	备注
1	电源线			
2	信号线			
3	屏蔽双绞线			
4	PVC 线槽			
5	螺钉、螺母			
6	尼龙扎带			

（4）系统设备安装及连接　为了能够正确安装系统设备，应在实训之前，仔细阅读系统设备的安装方法。为了能够保证实训的安全进行，在实训过程中，要注意安全操作、安全用电。楼宇照明 DDC 控制系统主要设备的安装步骤如下所述。

① DDC 控制箱与 DDC 控制器　两个 DDC 控制器已经固定在 DDC 控制箱中，DDC 控制箱的安装位置是在实训装置中管理中心房间的左侧网孔板上，安装时使用不锈钢钉将 DDC 控制箱固定在网孔板上。

参考系统接线图，连接 DDC 控制箱与 DDC 控制器及外围设备。DDC 控制器与 DDC 控制箱的连线要使用专用的端子。DDC 控制箱与 DDC 控制器及外围设备连接时，交流电源采用白色护套线，直流电源采用 23 芯电源导线，NET 网线采用屏蔽双绞线。

② LonWorks 网卡　LonWorks 网卡的 USB 口连接在实训装置中管理中心房间的计算机 UDB 接口上。

参考系统接线图，连接 LonWorks 网卡与 DDC 控制箱。LonWorks 网卡与 DDC 控制箱的连线，采用屏蔽双绞线。

③ 光控开关　光控开关的安装位置是在实训装置中管理中心房间的左侧网孔板上，安装时使用不锈钢自攻螺钉将光控开关固定在网孔板上。

参考系统接线图，连接光控开关与 DDC 控制箱。光控开关与 DDC 控制箱的连线要使用专用的端子，电源采用 23 芯电源导线。

④ 照明灯具（射灯）　本实训系统共有 6 个射灯，其中 3 个安装在三个房间的顶部网孔板，模拟室内灯，另外 3 个安装在楼道的顶部网孔板，模拟室外灯。安装时利用射灯的弹簧卡座将灯固定在网孔板上。

参考系统接线图，连接两组照明灯具与 DDC 控制箱。两组照明灯具与 DDC 控制箱连线时，电源采用 23 芯电源导线。

参考系统接线图，完成其他设备的安装与连接。

（5）LON 网络的硬件与软件环境布置　完成系统设备安装、连接后，需要对计算机完成 LON 网络的硬件与软件环境布置，才能进行系统功能调试。这个过程主要包括 LonWorks 网卡的驱动、LON 管理软件的安装、资源文件的导入、DDC 的注册、上位监控系统（力控组态软件）的安装等。

① LonWorks 网卡的驱动　将随 LON 网卡附带的驱动程序安装盘放入光驱，针对当前的操作系统选择相应的程序安装包安装网卡驱程，如图 6-25 所示。

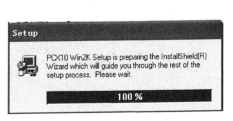

图 6-25　安装 LonWorks 网卡的驱动程序

② LON 管理软件的安装　安装 LON 管理软件 LonMaker3.1，如图 6-26 所示。安装过程中，需要同时选择安装 Visio 绘图软件组件。

LonMaker 集成工具是一个软件包，它可以用于设计、安装、操作和维护多厂

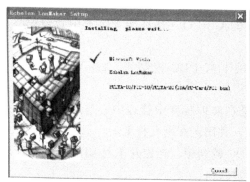
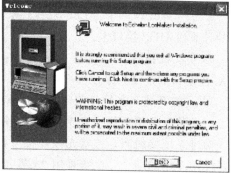

图 6-26　安装 LON 管理软件

商的、开放的、可互操作的 LonWorks 网络。它是以 Echelon 公司的 LNS 网络操作系统为基础，把强大的客户-服务器体系结构和很容易使用的 Microsoft Visio 用户接口综合起来。这使得 LonMaker 成为一个完善的，并足以用于设计和启动一个分布式的控制网络的工具。同时，它又相当经济，足以作为一个操作和维护工具。

③ 网络通讯的测试　在使用 LonMaker 组网前，需要在控制面板中，查询 LON 网卡，并诊断测试 LON 网卡与 DDC 设备是否能够正常通讯。

a. LON 网卡的通讯测试　在用 LonMaker 组网前，需要对网卡进行设置及测试，然后才能接入外部的 LON 网络设备。在完成网卡驱动和管理软件安装后，控制面板中会新增一些图标，如图 6-27 所示。其中，前两个图标主要用于远程网络接口及以服务器方式访问的 IP 地址、端口设置等；第 3 个图标主要用于对 Lon-Works 网卡进行设置、诊断。

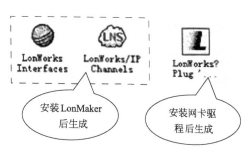

图 6-27　控制面板中相关图标

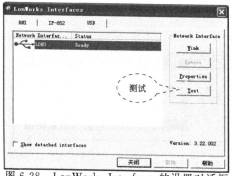

图 6-28　LonWorks Interfaces 的设置对话框

ⓐ 双击第 1 个图标，将打开 LonWorks Interfaces 的设置对话框，如图 6-28 所示。

ⓑ 点击图 6-28 中的 "Test" 按钮，将打开测试对话框，如图 6-29 所示。

ⓒ 点击图 6-29 中的 "Test" 按钮，将开始测试网卡。如网卡正常通讯会上传

测试数据，如图 6-30 所示，表示计算机已经可以与 LON 网卡进行通讯；如收到出错信息，或者在点击"Test"按键后程序挂起，可卸载网卡驱动程序，重启计算机并重装网卡驱动程序。

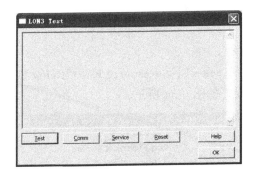

图 6-29　测试对话框

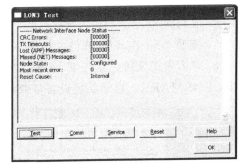

图 6-30　LonWorks 网卡测试

b. 网络设备通讯测试　当网卡通过测试后，需要进一步确认网卡是否也能与设备（DDC 模块）进行正确的通讯。

ⓐ 将 DDC 模块上电并将其正确连接到 LON 总线上。

ⓑ 点击图 6-30 中的"Comm"按钮，对话框中将显示等待 pin 按键提示信息，如图 6-31 所示。

ⓒ 此时，用小螺丝刀按一下 DDC 模块的"维护"按键，将开始测试。如网卡与 DDC 模块正常通讯，将显示如图 6-32 所示信息。其中，Neuron ID 号是 12 位十六进制数字，类似于感烟探测器、感温探测器的一次码，对于每个 DDC 模块而言该 ID 唯一，可有效区分不同设备。对总线上的所有设备进行通讯测试。点击对话框中的"Quit"按钮可退出测试。

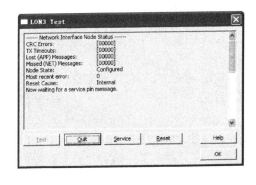

图 6-31　网络设备通讯测试之提示按 pin 键

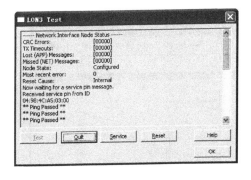

图 6-32　网络设备通讯测试

④ 资源文件的导入　DDC 模块的资源文件是 DDC 模块节点程序的支持性文件，本实训有多个资源文件（＊.eng 文件，＊.enu 文件，＊.fmt 文件，＊.fpt 文

件，*.typ 文件等）。它包含对 DDC 模块的定义、规范说明等。调试设备前需要将它们提供给 LNS（LON 网络服务）。

a. 在管理软件 LonMarker 安装目录下（默认是 C：\LonWorks）的"types"文件夹中，创建"user"文件夹；并在安装程序文件夹中找到资源文件复制到"user"文件夹中。

b. 安装 NodeBuilder 软件，如图 6-33 所示。

c. 导入资源文件。运行 Echelon LNS Utilities→LNS Resource File Catalog Utility LONMARK，启动认证设备资源浏览器，如图 6-34 所示。

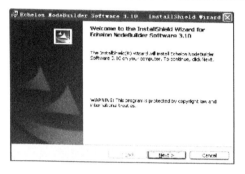

图 6-33　安装 NodeBuilder 软件

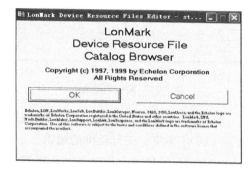

图 6-34　认证设备资源浏览器

d. 点击图 6-34 中的"OK"按钮后，选择认证设备资源目录，如图 6-35 所示。

e. 点击图 6-35 中的"OK"按钮后，将打开如图 6-36 所示的对话框，添加新目录。在该对话框中，通过"Add A New Directory"按钮添加新资源所在目录，通过"Refresh Now"更新目录信息。本实训系统应有 23 个资源文件。注意，如果资源文件没有被正确导入，在配置端口属性的时候会发生应用错误。

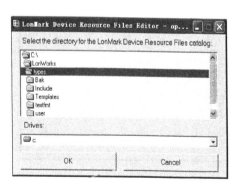

图 6-35　选择认证设备资源目录

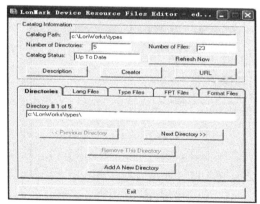

图 6-36　添加、更新资源文件

⑤ DDC 注册

a. 拷贝节点程序　将安装文件中的 DDC 模块的节点程序复制到管理软件 Lon-

Marker 安装目录下（默认是 C：\ LonWorks）的"Import"文件夹中，创建"user"文件夹；并在安装程序文件夹中找到节点程序复制到"user"文件夹中。

b. 注册 PlugIn 插件程序　找到并进入安装文件中 PlugIn 插件程序文件夹，双击执行该目录下的注册程序，将打开注册插件对话框，如图 6-37 所示。点击其中的"Register Plug-in"按钮注册插件程序。

⑤ 力控组态软件的安装　安装力控组态软件，如图 6-38 所示。

图 6-37　注册插件对话框　　　　　图 6-38　安装力控组态软件

（6）系统功能调试及使用　完成系统设备安装连接和 LON 网络的软硬件环境的布置后，要进行系统功能调试运行。在这个过程中，需要进行组建 LON 网、组态软件的编程等操作。

① 组建 LON 网　组建 LON 网的基本过程如图 6-39 所示。

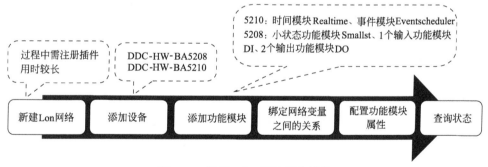

图 6-39　组建 LON 网的基本过程

a. 新建 Lon 网络

ⓐ 启动 LonMaker。运行"LonMaker for Windows"程序，将打开如图 6-40 所示的对话框。

ⓑ 在图 6-40 的对话框中，点击"New Network"按钮，建立一个新的网络文件，将提示是否加载宏定义选项，如图 6-41 所示，点击"Enable Macros"按钮即可。

图 6-40　启动 LonMaker

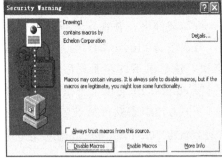

图 6-41　宏定义选项

ⓒ 点击"Enable Macros"按钮后，将提示输入网络文件名，如图 6-42 所示。

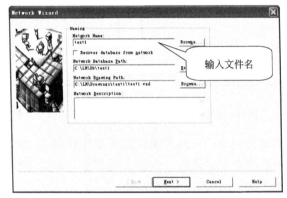

输入文件名

图 6-42　输入网络文件名

ⓓ 输入网络文件名称后，点击"Next"按钮后，将提示选择连接在用的网络接口，如图 6-43 所示，选中"Network Attached"，并从 Network Interface 列表中选择网络接口。注意：应根据实际使用的网络接口选择，一般默认网络接口为LON1，可通过"开始"→"控制面板"→双击"LonWorks Interfaces"，在弹出窗口 USB 选项中查看网络接口。

选择网络接口

图 6-43　选择连接的网络接口

ⓔ 点击 "Next" 按钮后，将提示选择网络设备 "DDC" 的管理模式：在线或不在线，如图 6-44 所示，此处选择 "Onnet" 模式。

ⓕ 点击 "Next" 按钮后，将提示选择需要注册到 Lon 网络文件中功能插件，如图 6-45 所示；先点击 "Remove All" 按钮；然后再选择需要注册到 Lon 网络文件中的功能插件（前面注册的插件），并点击 "Add" 按钮添加需要的插件，如图 6-46 所示。

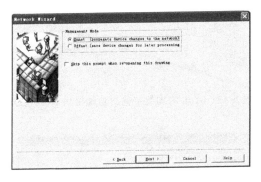

图 6-44　选择网络设备的管理模式

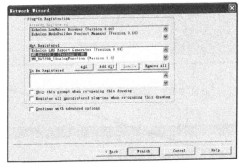

图 6-45　选择需要的插件

ⓖ 在图 6-46 的对话框中，单击 "Finish" 按钮，系统将自动注册插件，并进入 LON 网络编辑界面，如图 6-47 所示。

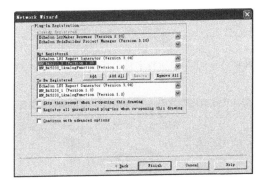

图 6-46　添加需要的插件

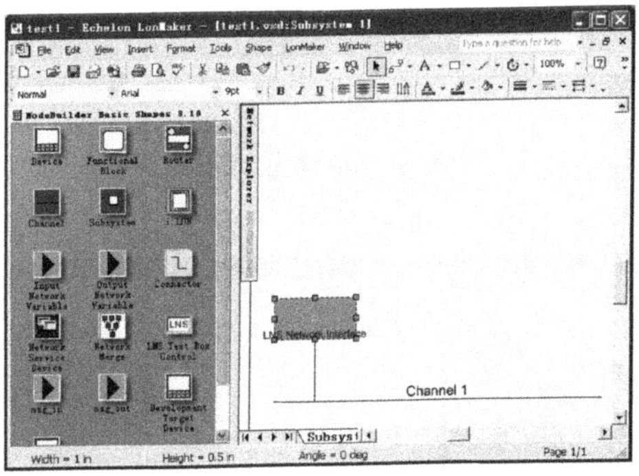

图 6-47　LON 网络编辑界面

b. 添加两个 DDC 设备（HW-BA5208、HW-BA5210），如图 6-48 所示。

c. 添加功能模块

ⓐ 给 5208 添加功能模块：数字输出功能模块 DO1、数字输出功能模块 DO2、数字输入功能模块 DI3、状态功能模块 SMT。以 DO1 为例介绍添加过程，如图 6-49～图 6-52 所示；其他功能模块的添加过程与 DO1 类似，区别主要是在图 6-50 中，DO2 的 "Functional Block" 的 "Name" 应选择 "DigitalOutput [1]"，DO2 的 "Functional Block" 的 "Name" 应选择 "DigitalInput [2]"、SMT 的 "Functional Block" 的 "Name" 应选择 "smallST [0] "。

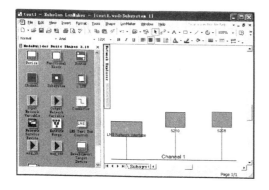

图 6-48 添加两个 DDC 设备

图 6-49 5208 添加数字输出功能模块 DO1 (1)

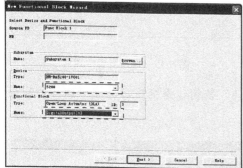

图 6-50 5208 添加数字输出功能模块 DO1 (2)

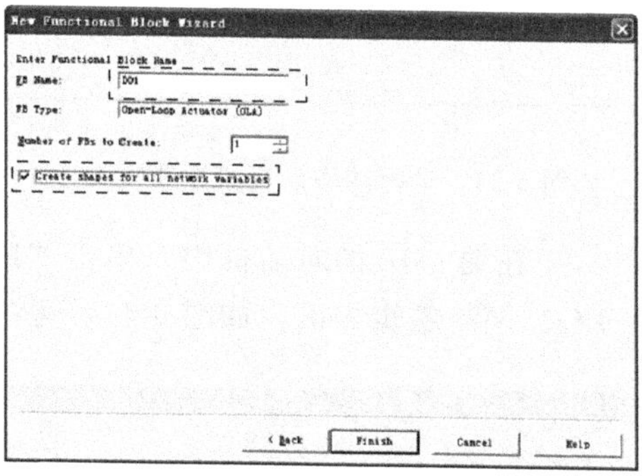

图 6-51 5208 添加数字输出功能模块 DO1 (3)

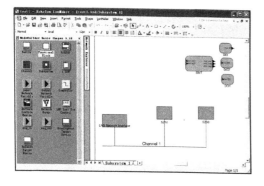

图 6-52 5208 添加功能
模块 DO1、DO2、DI3、SMT

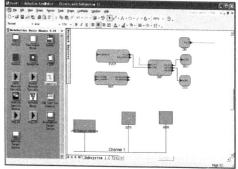

图 6-53 绑定网络变量之间的关系

ⓑ 给 5210 添加功能模块：任务列表功能模块 EVCT、实时时间功能模块 RET。添加过程与 DO1 类似，区别主要是在图 6-50 中，EVCT 的 "Functional

智能楼宇系统集成实训教程

Block"的"Name"应选择"EventScheduler〔0〕",RET 的"Functional Block"的"Name"应选择"RealTime"。

ⓒ 绑定网络变量之间的关系　根据系统功能要求,绑定各网络变量之间的关系,如图 6-53 所示。

d. 配置各功能模块属性　对功能模块单击鼠标右键,在弹开的快捷菜单中选择"Configure"命令配置其属性,如图 6-54 所示。

ⓐ 配置实时时间功能模块 RET,设置系统时间等,如图 6-55 所示。

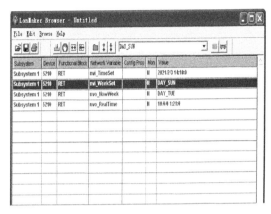

图 6-54　配置功能模块属性　　　　图 6-55　配置实时时间功能模块 RET

ⓑ 根据系统功能要求,配置任务列表功能模块 EVCT,设置定时时间表,如图 6-56 所示。

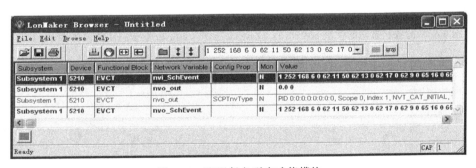

图 6-56　配置任务列表功能模块

ⓒ 根据系统功能要求,配置状态功能模块 SMT,设置控制方式,如图 6-57~图 6-62 所示。

e. 查询网络状态　双击绑定网络变量的连线的左侧或右侧,可实时显示数据,如图 6-63 所示。

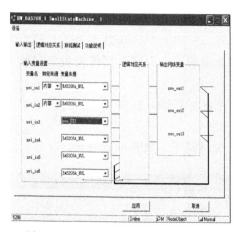

图 6-57　配置状态功能模块 SMT（1）

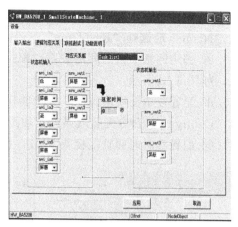

图 6-58　配置状态功能模块 SMT（2）

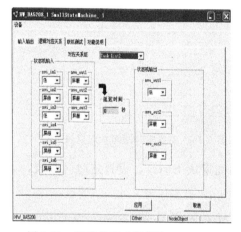

图 6-59　配置状态功能模块 SMT（3）

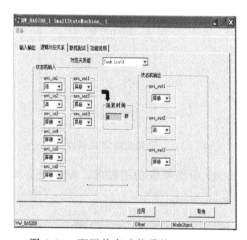

图 6-60　配置状态功能模块 SMT（4）

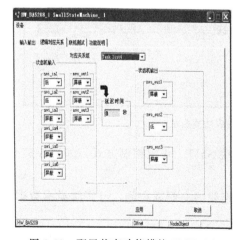

图 6-61　配置状态功能模块 SMT（5）

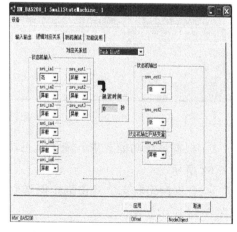

图 6-62　配置状态功能模块 SMT（6）

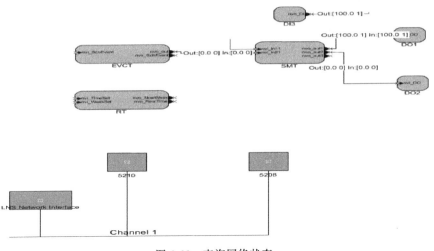

图 6-63　查询网络状态

② 力控组态软件编程（上位监控系统）　力控组态软件编程的基本过程如图 6-64 所示。

| 新建工程 | 设备连接 | 数据库建点 | 设计组态监控画面 | 动画连接及编程 | 运行 |

图 6-64　力控组态软件编程的基本过程

a. 新建工程　启动力控组态软件，在打开的"工程管理"窗口中，单击"新建"按钮，将打开"新建工程"窗口，设置工程的"项目名称"及"生成路径"等信息，完成建立一个新工程，如图 6-65 所示。

b. 设备连接（定义 IO 设备）　在力控中，IO 设备指需要与力控组态软件之间交换数据的设备或者程序。IO 设备包括 DDE、FCS、OPC、PLC、UPS、板卡、变频器、智能模块、智能仪表等，这些设备一般通过串口和以太网等方式与上位机交换数据。只有在定义了 IO 设备后，力控才能通过数据库变量和这些 IO 设备进行数据交换。

后面的步骤中需要定义数据库中的几个数据点，而数据库是从 I/O Server（I/O 驱动程序）中获取数据的。数据库同时可以与多个 I/O Server 进行数据交换，一个 I/O Server 也可以连接一个或多个设备。因此，当需明确数据库的几个数据点是从哪个设备获取过程数据时，就需要定义 IO 设备。

本实训中，计算机已通过 LON 网卡与 DDC 设备连接，即力控组态软件通过 LON 网口与 DDC 设备进行连接。

ⓐ双击"工程项目"导航栏中的"IO设备组态"项目，将打开"IoManager"窗口；在该窗口的I/O设备中找到"LNS"项目，如图6-66所示。

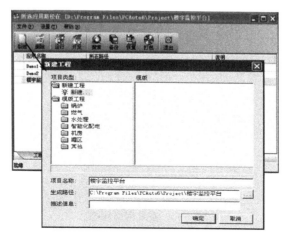

图 6-65　新建工程

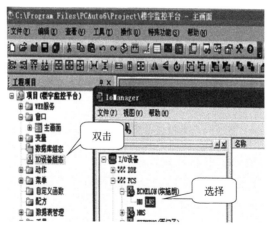

图 6-66　IO 设备组态

ⓑ在"IoManager"窗口中，双击"LNS"项目，将打开"设备配置"向导，如图6-67所示，在其中设置设备名称（如"THBAES"）、采集参数（即更新周期、超时时间）、接口、网络等参数进行新设备的定义，以实现设备连接。其中，接口和网络参数必须与前面组建LON网的设置一致。如需要修改配置，可双击"THBAES"项目（即建好的IO设备），在打开的设备定义对话框中修改即可。若要删除该设备，可直接选择项目并删除。

c. 数据库建点（定义 IO 变量）　数据库建点是指在数据库中建立数据点，并定义数据点与采集设备的通道地址的对应关系，即定义 IO 变量。它将控制器内部工程的输入/输出端口或变量与控制对象对应起来，就可以实现数据库与 I/O 设备的实时数据交换。

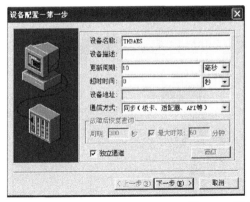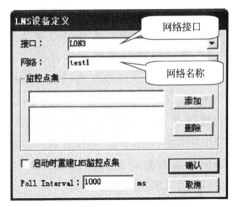

图 6-67　定义 IO 设备

本实训中，需要建立 6 个数字 I/O 点，分别为 DI1、DI2、DI3、DO1、DO2、
D_MANU，如表 6-16 所示。

表 6-16　楼宇照明 DDC 控制系统的数据点对照表

输入端口	类型	定义	点名	输出端口	类型	定义	点名
DI1	DI	楼道照明	DI1	DO1	DO	控制楼道照明开关	DO1
DI2	DI	室内照明	DI2	DO2	DO	控制室内照明开关	DO2
DI3	DI	光控开关	DI3			楼道照明控制方式切换（自动/手动）	D_MANU

ⓐ 在图 6-66 中，双击"工程项目"导航栏中的"数据库组态"项目，将打开
"DbManager"窗口，如图 6-68 所示。

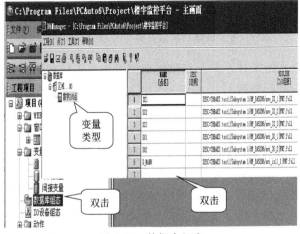

图 6-68　数据库组态

ⓑ 在"DbManager"窗口中,双击实时数据库(DbManager)右侧空白表格,将打开"请指定区域、点类型"对话框,如图6-69所示。

ⓒ 在图6-69中,选择"数字I/O点",点击"继续"按钮,将打开"新增:区域0-数字I/O点"对话框,如图6-70所示;在"基本参数"选项卡中,输入数据点名"DI1";在"数据连接"选项卡中,参考图6-71的操作提示,设置数据连接参数;点击"确定"按钮,完成数据点DI1的创建。

ⓓ 参考对照表6-16,以及新建数据点"DI1"的方法,即步骤ⓑ和步骤ⓒ,新建其他数据点DI2、DI3、DO1、DO2、D_MANU。其中,DI2对应的变量是"nvo_DI_2",DI3对应的变

图6-69 "请指定区域、点类型"对话框

量是"nvo_DI_3",DO1对应的变量是"nvi_DO_1",DO2对应的变量是"nvi_DO_2",D_MANU对应的变量是"nvi_in11_1"。

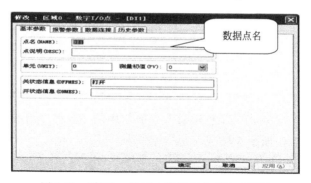

图6-70 "新增:区域0-数字I/O点"对话框

如需修改数据点的参数,只需在数据点列表中双击已经建好的数据点,就可以在打开的对话框中进行修改。

ⓔ 完成所有数据点的创建和修改后,还需在"DbManager"窗口中单击"保存"按钮,保存当前工程数据库。

d. 设计组态监控画面 根据样例工程运行图6-72,绘制监控画面,如图6-73所示。也可以根据工程功能需求,自己设计监控画面。

e. 设置动画连接及编程 在工程组态画面中,可以对其中的各种对象(如文本、图形等)设置动画连接,为其赋予"生命"。通过动画连接,可以改变对象的外观,以反映变量点或表达式值的变化,动画功能也就是图形对象的事件,如鼠标

动画、颜色动画、尺寸动画、数值动画等。

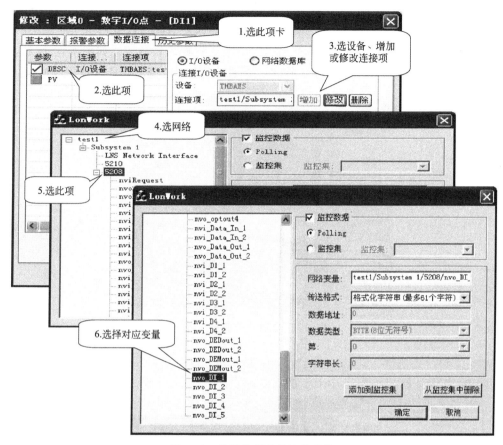

图 6-71　设置数据点的连接参数

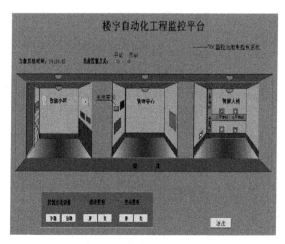

图 6-72　样例工程运行图

本实训中，主要对象的动画连接的设置方法如下所述。

ⓐ 监控画面的系统时间：在组态画面（图 6-73）中，双击系统时间的文本元件"###########"，将打开"动画连接"对话框；单击"数值输出"动画中的"字符串"项；然后在打开的"字符输出"对话框中输入表达式，如图 6-74 所示，其中变量"＄Time"也可不用手工输入，而通过"变量选择"功能选择相应变量。

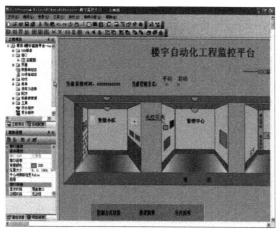

图 6-73　设计组态监控画面

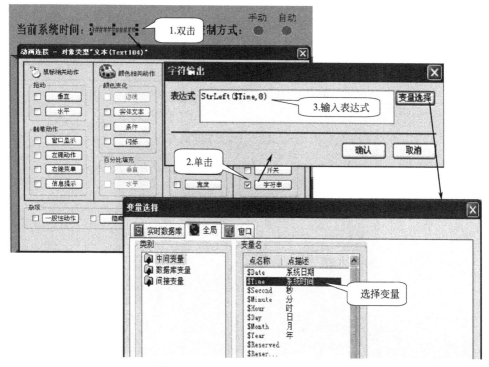

图 6-74　设置系统时间的动画连接

ⓑ 参考步骤ⓐ设置组态画面中其他对象的动画连接，操作步骤参考如图 6-75～图 6-86 所示。

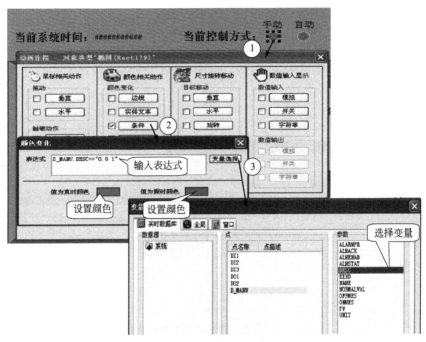

图 6-75　设置手动控制方式状态的动画连接

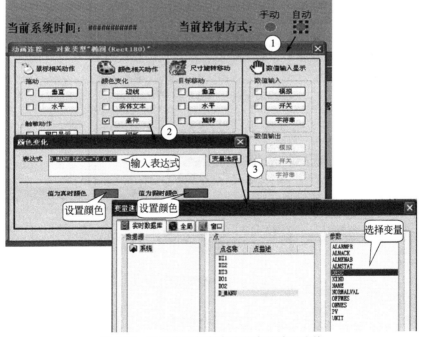

图 6-76　设置自动控制方式状态的动画连接

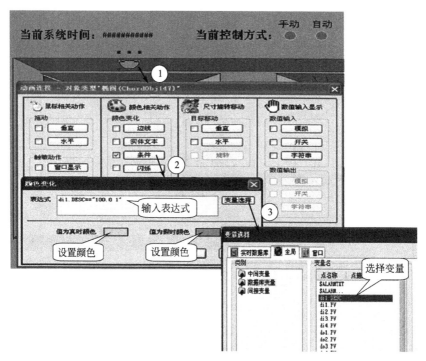

图 6-77　设置楼道灯状态的动画连接

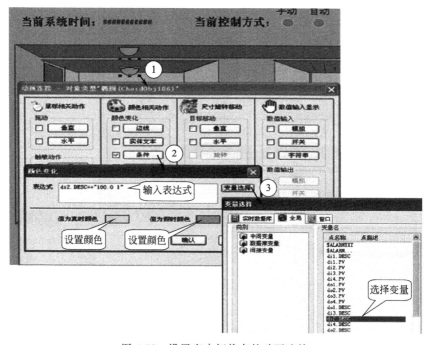

图 6-78　设置室内灯状态的动画连接

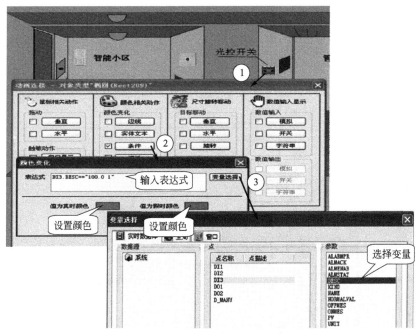

图 6-79　设置光控开关状态的动画连接

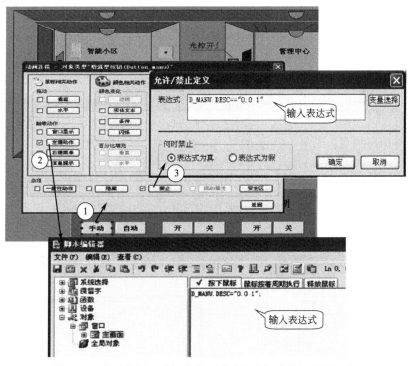

图 6-80　设置控制方式切换的"手动"按钮动作的动画连接

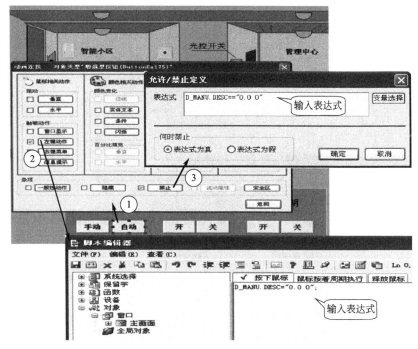

图 6-81　设置控制方式切换的"自动"按钮动作的动画连接

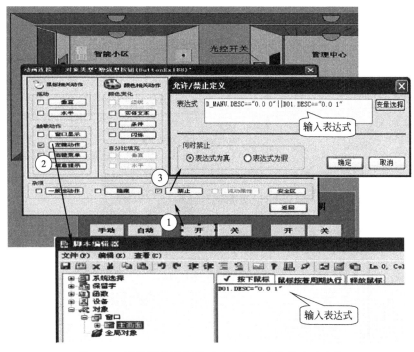

图 6-82　设置楼道照明的"开"按钮动作的动画连接

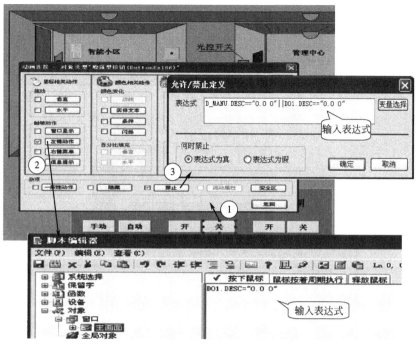

图 6-83　设置楼道照明的"关"按钮动作的动画连接

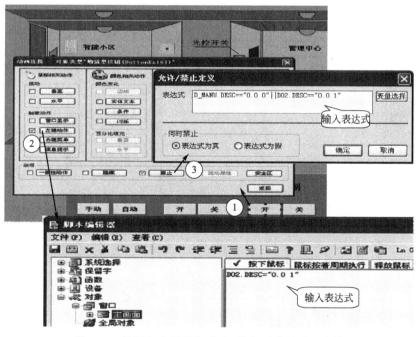

图 6-84　设置室内照明的"开"按钮动作的动画连接

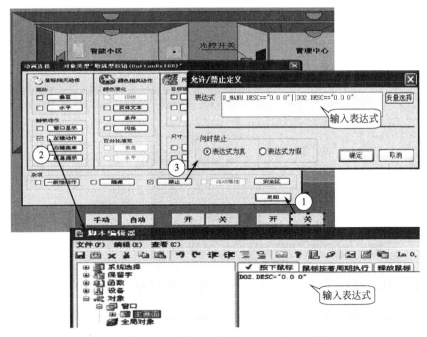

图 6-85　设置室内照明的"关"按钮动作的动画连接

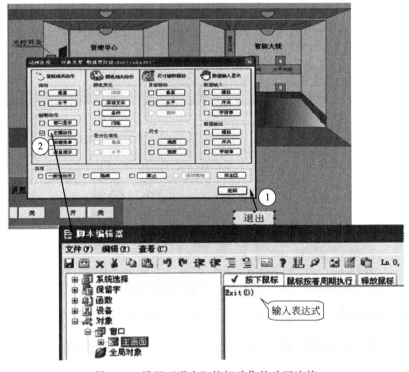

图 6-86　设置"退出"按钮动作的动画连接

　智能楼宇系统集成实训教程

③ 运行力控组态监控（上位监控系统）程序　在力控组态软件中，监控工程编程完成后，运行监控程序（即上位监控系统），其运行效果如图 6-87 所示。通过该监控界面，可以自动或手动控制两组照明的开启与关闭，而且界面中可以实时显示两组照明、光控开关及控制方式等的状态。

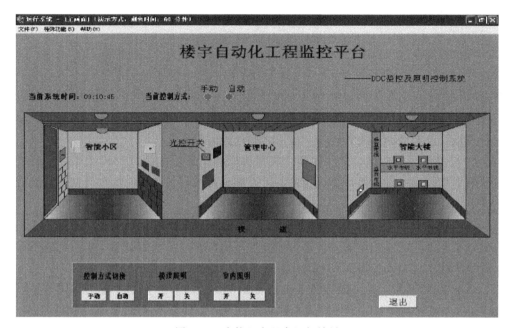

图 6-87　力控组态程序运行效果

4. 系统常见故障分析

（1）现象：照明灯亮但输入指示灯不亮。

原因分析：a. 连接线路有问题；b. DDC 输入点问题。

排除方法：a. 检查接线；b. 更换输入点或 DDC 模块。

（2）现象：输出指示灯亮但照明灯不亮。

原因分析：a. 照明灯坏；b. 连接线路有问题；c. DDC 输出点问题。

排除方法：a. 更换灯具；b. 正确配置相关参数；c. 更换输出点或 DDC 模块。

（3）现象：照明灯不亮但输入指示灯亮。

原因分析：a. 连接线路有问题；b. DDC 输入输出点问题；c. DDC 程序问题。

排除方法：a. 检查接线；b. 更换输入输出点或 DDC 模块；c. 检查调整程序。

（4）现象：上传的时钟数据不正确。

原因分析：没有正确校时。

排除方法：正确校时。

（5）现象：DDC 设备及照明功能正常，但无法用监控界面控制。

原因分析：a. LON 网卡或线路有问题；b. 组态程序有问题；c. LON 网环境

布置有问题。

排除方法：a. 检查接线或更换网卡；b. 修改组态程序；c. 重新安装相应软硬件程序。

【项目小结】

集散控制系统（DCS）是采用集中管理、分散控制的计算机控制系统。它通过现场的 DDC（直接数字控制器），实现对大楼内的机电设备的分散控制，再由上位计算机借助于组态软件实现对 DDC 的监控和管理，将现场的实际情况以动态画面的方式显示在中央控制室的监控计算机上。集散控制系统结构按功能分为三层：现场控制级、监控级和中央管理级，各层之间通过网络相连。

DDC 又称为下位机，是一种具有控制功能和运算功能的嵌入式计算机控制装置。它直接与现场设备及计算机相连，可以实现对被控设备特征参数与过程参数的测量，以达到控制目标。

组态软件又称为组态监控系统软件，是数据采集与过程控制的专用软件。它是在自动控制系统的监控级的软件平台和开发环境，使用灵活的组态方式，为用户提供快速构建工业自动控制系统监控功能的、通用层次的软件工具。

本套实训装置主要由 DDC 控制器、LonWorks 网卡、上位监控系统（力控组态软件）、DDC 控制箱、光控开关和照明灯具等组成。该系统通过完成 DDC 编程、软件组态应用、LonWorks 网络应用，实现对照明系统的控制。在项目实训过程中，培养了学生的团队协作能力、计划组织能力、楼宇设备安装与调试能力、工程实施能力、职业素养和交流沟通能力等。

---------------| 思考与练习 |---------------

1. 简述集散控制系统的含义及系统结构。
2. 简述 DDC 的工作原理。
3. 简述楼宇照明 DDC 控制实训系统的系统构成及工作原理。
4. 绘制楼宇照明 DDC 控制实训系统的系统接线图。
5. 简述楼宇照明 DDC 控制实训系统主要设备及其端口的功能。
6. 总结实训中遇到的故障及解决方法。

参考文献

[1] 中华人民共和国住房和城乡建设部 GB 50314—2015. 智能建筑设计标准 [S]，2015.

[2] 王再英，韩养社，高虎贤. 智能楼宇：楼宇自动化系统原理与应用 [M]. 北京：电子工业出版社，2011.

[3] 文娟，刘向勇. 楼宇设备监控组件安装与维护 [M]. 北京：机械工业出版社，2014.

[4] 吴关兴. 楼宇智能化系统安装与调试 [M]. 北京：中国铁道出版社，2013.

[5] 姚卫丰. 楼宇安防技术项目实训教程 [M]. 北京：人民邮电出版社，2014.

[6] 吕景泉. 楼宇智能化系统安装与调试 [M]. 北京：中国铁道出版社，2011.

[7] 王用伦. 智能楼宇技术 [M]. 北京：人民邮电出版社，2014.

[8] 中国就业培训技术指导中心组. 智能楼宇管理师：基础知识 [M]. 北京：中国劳动社会保障出版社，2006.

[9] 中国就业培训技术指导中心组. 智能楼宇管理员 [M]. 北京：中国劳动社会保障出版社，2007.

[10] 刘春生. 出入口控制系统设计与施工 [M]. 北京：中国人民公安大学出版社，2018.

[11] 杨连武. 火灾报警及消防联动系统施工 [M]. 北京：电子工业出版社，2010.

[12] 李金伴，林峰，李捷辉，周铭. 智能建筑综合布线设计及应用 [M]. 北京：化学工业出版社，2011.